NITINGIRI N GOSAI

# MECANISMO DE CRESCIMENTO E CARACTERIZAÇÃO ÓPTICA DO SnSe PURO E DOPADO COM Cu

NITINGIRI N GOSAI

# MECANISMO DE CRESCIMENTO E CARACTERIZAÇÃO ÓPTICA DO SnSe PURO E DOPADO COM Cu

Nanociência e nanotecnologia

ScienciaScripts

**Imprint**



Cover image: www.ingimage.com

This book is a translation from the original published under ISBN 978-3-639-71564-4.

Publisher:
Sciencia Scripts
is a trademark of
Dodo Books Indian Ocean Ltd. and OmniScriptum S.R.L publishing group

120 High Road, East Finchley, London, N2 9ED, United Kingdom
Str. Armeneasca 28/1, office 1, Chisinau MD-2012, Republic of Moldova, Europe
Managing Directors: Ieva Konstantinova, Victoria Ursu
info@omniscriptum.com

Printed at: see last page
**ISBN: 978-620-8-64200-6**

# MECANISMO DE CRESCIMENTO E CARACTERIZAÇÃO ÓPTICA DE NANOPARTÍCULAS DE SELENETO DE ESTANHO PURO E DOPADO COM COBRE

## • ÍNDICE DE CONTEÚDOS

# CAPÍTULO 1

# INTRODUÇÃO À NANOTECNOLOGIA

## 1.1 INTRODUÇÃO

A globalização surgiu quando os países industrializados começaram a explorar as reservas mundiais de combustíveis fósseis e minerais em busca de uma maior eficiência económica. Há uma procura crescente de uma fonte de energia renovável e económica. Presume-se que os combustíveis fósseis oferecem preços baixos e maior potencial. Fornecem cerca de 66% da energia eléctrica mundial e 95% das necessidades energéticas totais do mundo. Mas a principal desvantagem dos combustíveis fósseis é a poluição. A queima de qualquer combustível fóssil produz dióxido de carbono, que contribui para o "efeito de estufa", contribuindo para o aquecimento global. A realidade económica fundamental dos combustíveis fósseis é que se encontram num número relativamente pequeno de locais em todo o mundo, mas são consumidos em todo o lado. Atualmente, a questão da energia tornou-se um dos problemas mais importantes e preocupantes da sociedade moderna. A procura mundial de energia cresceu dramaticamente no último século, em consequência do aumento da industrialização do mundo. É provável que a necessidade de energia cresça ainda mais no século XXI com a melhoria dos padrões de vida em todo o planeta; além disso, o desenvolvimento económico das nações asiáticas, como a China e a Índia, acentuou o problema da procura de energia.

Esta elevada procura de energia, a poluição gerada pelas fontes de energia atualmente utilizadas e o esgotamento dos recursos naturais põem em causa. A energia disponível do sol fora da atmosfera terrestre é de aproximadamente 1367 $W/m^2$; obviamente, uma parte da energia solar é absorvida ao atravessar a atmosfera terrestre. Consequentemente, num dia claro, a quantidade de energia solar disponível à superfície da Terra na direção do Sol é tipicamente de 1000 $W/m^2$. A elevada potência que atinge todos os dias todas as regiões do nosso planeta faz desta fonte primária a mais interessante das fontes de energia renováveis. A centrou-se ou concentrou a sua atenção na melhoria e na investigação de materiais semicondutores/fotossensíveis que proporcionem eficiências suficientes para esses dispositivos fotovoltaicos (fabricados a partir desses novos materiais investigados), tornando esta tecnologia mais conveniente (também em termos de custo) e mais aplicável em relação às tecnologias baseadas em combustíveis fósseis [1].

Uma célula solar é formada por um semicondutor de junção p-n sensível à luz. Cada fotão tem uma energia associada. Os portadores de carga num semicondutor são os buracos e os electrões. Se a energia do fotão incidente no semicondutor for superior ou igual à energia necessária para libertar o eletrão, este contribuirá para a produção da célula solar.

O intervalo de banda teórico para uma eficiência máxima da célula solar situa-se na gama de 1,2 a 1,8 eV. Foi demonstrado, com base no espetro solar e nas caraterísticas dos semicondutores, que as eficiências de conversão das células solares de homojunção são máximas com um intervalo de banda de cerca de 1,5 eV. O CdTe, um semicondutor com um intervalo de banda direto de 1,45 eV, é ideal para a conversão de energia solar. Os semicondutores de hiato de banda direto têm coeficientes de absorção elevados, pelo que podem ser utilizados sob a forma de películas finas. Materiais como o CdTe, o CIS e o CdSe são semicondutores de intervalo de banda direta.

Os semicondutores existem tanto na forma elementar como na forma composta e podem ser encontrados em estruturas monocristalinas, policristalinas ou amorfas. Os átomos nos materiais monocristalinos estão dispostos numa ordem bem definida. Os materiais policristalinos consistem em pequenos grãos de cristal único orientados aleatoriamente, enquanto os materiais amorfos não têm qualquer estrutura ordenada definida. As propriedades específicas de um semicondutor dependem das impurezas, ou dopantes, que lhe são adicionadas [2]. Um semicondutor dopado de tal forma que a concentração de portadores de buracos é maior do que a concentração de portadores de electrões é considerado do tipo p. Um aceitador é uma impureza introduzida no semicondutor para gerar um buraco livre ao aceitar um eletrão do semicondutor. Um semicondutor de tipo n tem uma concentração de portadores de electrões mais elevada do que a concentração de portadores de buracos. Um dador é uma impureza que é adicionada a um semicondutor para gerar electrões livres através da doação de um eletrão.

O intervalo de banda ($E_g$) é a separação entre a energia da banda de condução mais baixa e a energia da banda de valência mais alta. O nível de Fermi ($E_f$) é definido como o nível de energia em que a probabilidade de ocupação por um eletrão é metade

[2]. Para um semicondutor de p, o nível de Fermi está próximo da banda de valência, enquanto que para um semicondutor de tipo n, o nível de Fermi está próximo da banda de condução.

Foram obtidas eficiências significativas de conversão de energia ótica em energia eléctrica/química em células fotovoltaicas e fotoelectroquímicas de estado sólido. O potencial desta classe de materiais ainda não foi totalmente explorado, mas parece estar limitado principalmente pela disponibilidade de materiais adequados.

Assim, atualmente, têm sido feitas tentativas para produzir cristais de boa qualidade e películas finas de semicondutores em camadas para aplicações em dispositivos fotoelectrónicos. Várias abordagens, incluindo uma nova extensão da epitaxia de feixe molecular para a preparação de materiais em camadas, estão a ser ativamente procuradas para produzir monocristais e películas finas de alta qualidade. Os calcogenetos metálicos apresentam propriedades promissoras para a conversão quântica de energia solar, porque:

- O intervalo de banda situa-se normalmente na gama de 1,0 a 2,0 eV e, por conseguinte, adapta-se idealmente ao espetro solar,
- A largura das bandas de valência e de condução é de magnitude razoável devido ao facto de o metal ser bastante forte
- hibridação de calcogenetos; consequentemente, as mobilidades dos portadores de carga são suficientemente grandes,
- As constantes de absorção são extraordinariamente elevadas, tipicamente na ordem dos $10^5$ $cm^{-1}$. Por conseguinte, os dispositivos de conversão de energia fabricados a partir destes materiais podem ser considerados alternativas prometedoras às células solares mais conhecidas.

Entre estes calcogenetos metálicos, os compostos binários IV - VI em camadas, formados com Sn como catiões e S, Se e Te como aniões, constituem uma classe muito interessante de semicondutores. Espera-se que o SnSe apresente uma anisotropia extrema nas suas propriedades vibracionais, ópticas e electrónicas da rede [3] e talvez apresente algumas caraterísticas dos semicondutores bidimensionais ou do tipo camada [4- 8]. Parece, portanto, que os SnSe constituem uma excelente oportunidade para investigar as relações entre a estrutura, a ligação e as propriedades electrónicas dos sólidos, sendo possível estabelecer comparações entre eles:

- estruturas bidimensionais e tridimensionais
- membros das séries isomorfas GeS, GeSe, SnS e SnSe
- Compostos estruturalmente diferentes GeS, GeTe e GaS.

Atualmente, os materiais semicondutores são os pilares da tecnologia moderna. Sem eles não haveria indústria eletrónica, nem indústria fotónica, nem comunicações por fibra ótica, muito pouco equipamento ótico moderno e algumas lacunas muito importantes na engenharia de produção convencional. O progresso na síntese de materiais semicondutores e na tecnologia epitaxial é altamente exigido tendo em conta o seu papel essencial para o desenvolvimento de várias áreas importantes como a produção de células fotovoltaicas de alta eficiência e detectores para energias alternativas e medicina e o fabrico de díodos emissores de luz.

Muitos dos calcogenetos metálicos, compostos de metais e não metais com S, Se ou Te, são importantes para as novas tecnologias [9]. Estes calcogenetos considerados como materiais de "alta tecnologia" têm muitas aplicações, incluindo as seguintes:

- Tribologia (lubrificantes de alta temperatura)
- Semicondutores, películas finas, vidros, fotorresistências, fotomicrografia (eletrónica)
- Intercalação de metais alcalinos e outros metais (tecnologia de baterias)
- Catálise (desidrosulfuração)
- Conversão da energia solar
- Metalurgia extractiva (dessulfuração praticada na indústria siderúrgica)
- Corrosão em atmosferas contendo enxofre (por exemplo, $H_2S$).
- As propriedades dos compostos semicondutores IV-VI são úteis para a deteção de infravermelhos como sensores de radiação térmica e como detectores de banda larga nas áreas dos lasers, radar e comunicação laser.

Para além dos detectores e emissores de infravermelhos, os cristais compostos de intervalo de banda estreita têm aplicações potenciais em dispositivos magneto-resistivos de efeito Hall e termoeléctricos [10, 11]. Os compostos em camadas SnSe têm atraído uma atenção considerável devido às suas propriedades semicondutoras, anisotrópicas e ópticas. Como já foi referido, estes semicondutores em camadas SnSe, devido às suas diversas propriedades, são utilizados no domínio da optoelectrónica [12], sistemas de gravação holográfica [13-15], comutação eletrónica [16, 17] e sistemas de produção e deteção de infravermelhos [18]. Além disso, o SnSe é um semicondutor com um intervalo de energia de 1 eV com potencial para ser um material eficiente para células solares [19- 22].

O interesse pelas propriedades destes materiais, quer sob a forma de monocristal, policristalino, nanopartículas ou película fina de grandes dimensões, para uma fotoconversão óptima, foi demonstrado várias vezes. Os selenetos metálicos têm atraído uma atenção considerável devido às suas propriedades interessantes e potenciais aplicações.

A informação elementar sobre o Sn, Se e Cu utilizada no presente trabalho para a síntese de nanopartículas de SnSe e nanopartículas de SnSe dopadas com cobre é apresentada na Tabela 1.

Têm sido amplamente utilizados como materiais de arrefecimento termoelétrico, filtros ópticos, materiais de gravação ótica, materiais para células solares, materiais superiónicos e materiais para sensores e lasers [23]. Foi também relatada uma comutação de memória dependente da polaridade em dispositivos com SnSe cristalino [24]. O recozimento prolongado de películas de SnSe a temperaturas superiores a 673 K transfere o SnSe para SnO e $SnO_2$. Estas películas são muito resistentes aos ácidos e podem servir como revestimentos protectores [25].

Uma película monofásica de SnSe pode ser utilizada como camada absorvente no fabrico de células solares de heterojunção [26]. Os materiais a granel correspondentes ao SnSe são semicondutores de baixo intervalo de banda e têm sido objeto de numerosas aplicações devido à sua importância tecnológica como detectores de radiação infravermelha e visível [27]. O comportamento anisotrópico dos calcogenetos de estanho torna-os atraentes compostos em camadas, utilizados como materiais catódicos em baterias de intercalação de lítio [28].

O composto SnSe, sob a forma de monocristais de alta qualidade ou de camadas epitaxiais, é utilizado em dispositivos optoelectrónicos e detectores de radiação nuclear [29]. Do ponto de vista das aplicações tecnológicas, os calcogenetos de estanho incluem a construção de LASER's e detectores na região do infravermelho [30, 31]. O estudo destes calcogenetos de estanho ou SnSe suscita, portanto, um grande interesse em todo o mundo e até hoje.

- **Estanho (Sn):**

O estanho é um metal branco prateado maleável, que apresenta um elevado grau de polimento. Possui uma estrutura altamente cristalina e é moderadamente dúctil. Existem duas ou três formas alotrópicas de estanho. O estanho cinzento ou a tem uma estrutura cúbica. A Figura 1 mostra a estrutura no estado sólido de o estanho. Após o aquecimento, a 13,2°C, o estanho cinzento muda para estanho branco ou b, que apresenta uma estrutura tetragonal. Esta transição da forma a para a forma b é designada por peste do estanho. Pode existir uma forma g entre 161°C e o ponto de fusão. Quando o estanho é arrefecido abaixo de 13,2°C, muda lentamente da forma branca para a forma cinzenta, embora a transição seja afetada por impurezas como o zinco ou o alumínio e possa ser evitada se estiverem presentes pequenas quantidades de bismuto ou antimónio.

O estanho é resistente ao ataque da água do mar, da água destilada ou da água da torneira, mas corroer-se-á em ácidos fortes, álcalis e sais ácidos. A presença de oxigénio numa solução acelera a taxa de corrosão.

- **Selénio (Se):**

É um elemento do grupo VI. É um semicondutor covalente. Foi metalizado por aplicação de pressão. À temperatura ambiente, o Se é romboédrico. A estrutura do selénio no estado sólido é mostrada na figura 2. Existem também formas monoclínicas metaestáveis de Se baseadas em anéis de $Se_8$, semelhantes ao $S_8$. O selénio apresenta tanto ação fotovoltaica, em que a luz é convertida diretamente em eletricidade, como ação fotocondutora, em que a resistência eléctrica diminui com o aumento da iluminação. Estas propriedades tornam o selénio útil na produção de fotocélulas e de medidores de exposição para uso fotográfico, bem como de células solares. O selénio também é capaz de converter eletricidade de corrente alternada em corrente contínua e é amplamente utilizado em rectificadores. Este sólido é um semicondutor de tipo p e é útil em aplicações electrónicas e de estado sólido.

Tem sido utilizado em fotocópias para reproduzir e copiar documentos, cartas, etc. O selénio é utilizado pela indústria vidreira para descolorar o vidro e para fabricar vidros e esmaltes de cor rubi e como toner fotográfico e aditivo para aço inoxidável. A estrutura do selénio no estado sólido é apresentada na figura 3. O autor optou por trabalhar na síntese e caraterização de nanopartículas de SnSe puro e nanopartículas de SnSe dopadas com cobre, menos estudadas. A maioria dos trabalhos de investigação está disponível ou publicada sobre nanopartículas de SnSe, mas, de acordo com o conhecimento dos autores, ainda não foi relatado nenhum trabalho sobre nanopartículas de SnSe dopadas com cobre ou foram encontradas poucas ou raras publicações.

Assim, neste capítulo, foi apresentada uma introdução geral sobre a informação existente acerca do seleneto de estanho, como orientação para o trabalho descrito nesta tese.

- **Cobre (Cu):**

O cobre, um metal de transição, é o elemento mais leve do grupo IB e está no período 4$^{th}$. Os elementos mais pesados do grupo são a prata (Ag) e o ouro (Au). A estrutura cristalina do cobre é FCC. Cada átomo de cobre tem 12 vizinhos mais próximos. A prata e o ouro também têm estruturas cristalinas FCC e são "isoestruturais" com o cobre. A estrutura de estado sólido do cobre é mostrada na figura 3 O cobre e as ligas de cobre são alguns dos materiais de engenharia mais versáteis disponíveis. A combinação de propriedades físicas como a força, a condutividade, a resistência à corrosão, a maquinabilidade e a ductilidade tornam o cobre adequado para uma vasta gama de aplicações. Estas propriedades podem ser melhoradas com variações na composição e nos métodos de fabrico. A condutividade eléctrica do cobre só fica atrás da prata. A condutividade do cobre é 97% da da prata. Embora a adição de outros elementos melhore propriedades como a resistência, haverá alguma perda na condutividade eléctrica.

Por exemplo, uma adição de 1% de cádmio pode aumentar a resistência em 50%. No entanto, isto resultará numa diminuição correspondente de 15% na condutividade eléctrica. A resistência à corrosão das ligas de cobre resulta da formação de películas aderentes na superfície do material. Estas películas são relativamente impermeáveis à corrosão, pelo que protegem o metal de base de outros ataques.

- **Seleneto de estanho (SnSe)**

O composto SnSe é proeminente entre os semicondutores em camadas e cristaliza na rede ortorrômbica de Bravaise com estrutura [32, 33] com constante de rede a= 4,46, b= 4,19 e c= 11,57 [3]. A célula unitária do SnSe contém oito átomos com a simetria do grupo espacial $P_{nma}$ ($D^{16}_{2h}$).

Os átomos de Sn e Se estão dispostos em duas camadas duplas adjacentes, ortogonais às maiores dimensões da célula [34]. O cristal SnSe é constituído por camadas duplas fortemente ligadas de átomos de Sn e Se empilhados ao longo do eixo c. Cada átomo tem três vizinhos fortemente ligados na sua própria camada e três vizinhos mais distantes fracamente ligados, dois dos quais se encontram na mesma camada dupla e o restante na camada adjacente, como se mostra na figura 4. Devido a este tipo de estrutura em camadas do composto IV-VI, todas as propriedades físicas do composto ou dos cristais dependem da direção (comportamento anisotrópico). Mas na presente investigação o autor sintetizou nanopartículas de SnSe puro em vez de cristais simples de SnSe. No trabalho apresentado, em vez do comportamento anisotrópico (propriedades dependentes da direção de toda a caraterização), é possível estudar a caraterização dependente do tamanho dos cristalitos ou do tamanho das partículas das nanopartículas de SnSe puro.

Em ambos os compostos, os átomos do catião (Sn) e do anião (Se) formam cadeias ziguezagueantes catião-anião perpendiculares ao eixo c. Cada átomo tem o ambiente de coordenação de um octaedro fortemente distorcido [35]. Cada átomo forma seis ligações heteropolares dominantes, as mais fortes das quais se encontram em três ligações aos vizinhos mais próximos na mesma dupla camada. Três ligações mais fracas são com vizinhos mais afastados, dois dos quais estão na mesma camada dupla, um para um átomo na camada adjacente seguinte [32]. A ligação entre as camadas é fraca, sendo do tipo van der walls.

Neste capítulo, é apresentada uma introdução à história e às primeiras observações das propriedades físicas relacionadas com o tamanho dos materiais semicondutores nanométricos. Os materiais nanométricos apresentam diferenças fascinantes e únicas nas propriedades ópticas e electrónicas em relação aos materiais a granel. As caraterísticas físicas e químicas distintas destes nanomateriais fazem deles uma classe excitante e atractiva de novos materiais com um enorme potencial para várias aplicações. As propriedades relacionadas com o tamanho podem ser racionalizadas por mecânica quântica utilizando o conceito de quantização do tamanho. No regime nanométrico, as propriedades opto-electrónicas dependem também da forma e podem ser controladas pelo número de dimensões em que o tamanho está confinado. São delineadas as estratégias de síntese para semicondutores nanocristalinos com tamanho e forma controlados.

As propriedades opto-electrónicas dependem também da composição e, a este respeito, as heteroestruturas nanocristalinas são de interesse. As heteroestruturas de diferentes materiais cristalinos crescidos epitaxialmente permitem um confinamento seletivo dos portadores e um maior controlo das propriedades emissivas e electrónicas. A incorporação de impurezas atómicas é uma forma alternativa de modificar as propriedades físicas de um semicondutor. Esta dopagem pode também ser aplicada em semicondutores nanométricos.

Isto permite a formação de materiais em que as propriedades são determinadas tanto pelos efeitos de tamanho como pelas transições de banda atómica dos dopantes. As aplicações discutidas neste trabalho estão relacionadas com as propriedades luminescentes como componente ativo em díodos emissores de luz e nanofósforos.

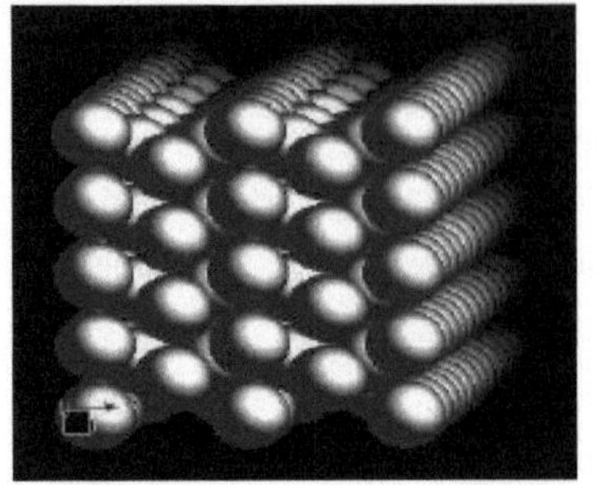

**Figura 1** A estrutura do estanho no estado sólido.

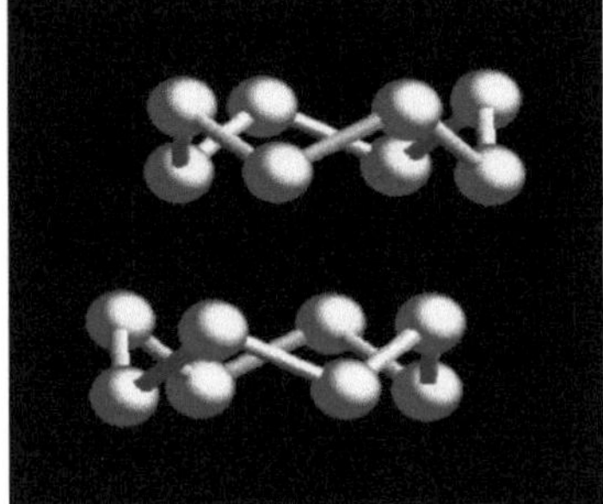

**Figura 2** A estrutura do estado sólido do selénio.

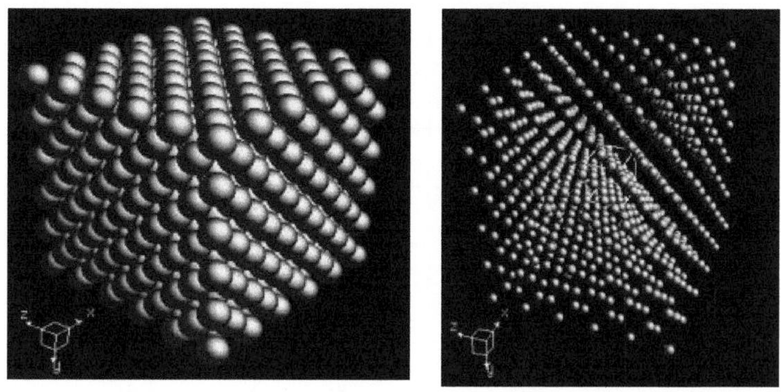

**Figura 3** A estrutura do estado sólido do cobre.

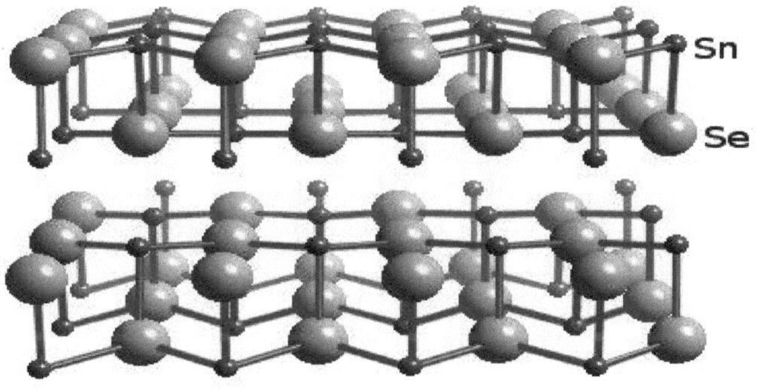


**Figura 4** A estrutura em camadas do Seleneto de Estanho.

**Quadro 1** Propriedades físicas dos elementos Sn, Se e Cu.

| **Parâmetros** | **Sn** | **Se** | **Cu** |
|---|---|---|---|
| Grupo, período, bloco | 14, 5, p | 16, 4, p | 11, 4, d |
| Estrutura cristalina | Tetragonal (branco), cúbico de diamante (cinzento) | hexagonal | cúbico de face centrada |
| Configuração eletrónica | [Kr] $4d^{10}\,5s^2\,5p^2$ | [Ar] $4s^2\,3d^{10}\,4p^4$ | [Ar] $3d^{10}\,4s^1$ |

| Número atómico | 50 | 34 | 29 |
|---|---|---|---|
| Peso atómico (g) | 118.710 | 78.96 | 63.546 |
| Raio atómico (pm) | 140 | 120 | 128 |
| Raio covalente (pm) | 139±4 | 120±4 | 132±4 |
| Densidade (g $cm^{-3}$) | 7.365 | 4.81 | 8.94 |
| Ponto de fusão ($^0C$) | 231.93 | 221 | 1084.62 |
| Ponto de ebulição ($^0C$) | 2602 | 685 | 2562 |
| Resistividade eléctrica (nΩm) | (0 °C) 115 | $10^{-6}$ | (20 °C) 16.78 |
| Condutividade térmica (W-$m^{(-1)}$)-$K^{-1}$) | 66.8 | 0.519 | 401 |
| Calor de vaporização (kJ-$mol^{-1}$) | 296.1 | 95.48 | 300.4 |
| Calor de fusão (kJ-$mol^{-1}$) | 7.03 | 6.69 | 13.26 |
| Expansão térmica (µm-$m^{(-1)}$)-$K^{-1}$) | (25 °C) 22.0 | 37 | 16.5 |
| Capacidade calorífica molar (J-$mol^{(-1)}$)-$K^{-1}$) | 27.112 | 25.363 | 24.440 |

## 1.2 INTRODUÇÃO À NANOTECNOLOGIA

A palavra grega "nano" refere-se à escala de comprimento de um bilionésimo de metro. Assim, a nanociência trata da ciência dos materiais e das tecnologias na escala de ~ 1- 100 nm. Isto significa que a nanociência lida com algumas centenas a alguns milhares de átomos ou aglomerados atómicos, ao passo que a palavra microscópica é composta por triliões de átomos ou moléculas. As nanopartículas são maiores do que os átomos e as moléculas individuais, mas são mais pequenas do que o sólido a granel; por conseguinte, não obedecem nem à química quântica absoluta nem às leis da física clássica e têm propriedades que diferem acentuadamente das esperadas. Atualmente, a nanociência e a tecnologia representam a disciplina mais ativa em todo o mundo e são consideradas como a tecnologia de crescimento mais rápido que a história da humanidade alguma vez viu. Este interesse intenso pela ciência dos materiais confinados à escala atómica resulta do facto de estes nanomateriais apresentarem propriedades fundamentalmente únicas, com grande potencial para trazer uma pletora de tecnologias da próxima geração nos domínios da eletrónica, computação, ótica, biotecnologia, imagiologia médica, medicina, administração de medicamentos, materiais estruturais, aeroespacial, energia, etc.

A miniaturização é um conceito cultivado pela natureza desde o processo de evolução e, com o tempo, o controlo dos processos biológicos a pequenas escalas de comprimento tornou-se imaculado. A origem do campo da nanociência e da nanotecnologia foi, antes de mais, uma motivação para imitar a síntese programada e a manipulação de materiais a uma escala de comprimento semelhante, uma arte aperfeiçoada pela natureza.

Richard Feynaman foi o visionário que primeiro chamou a atenção para esta possibilidade no seu discurso intitulado "There's plenty of room at the bottom". Desde então, foram feitos vários progressos significativos no processo de miniaturização, embora o controlo dos níveis de complexidade manifestados pelos sistemas biológicos seja ainda um sonho. A figura 5 resume o sucesso do homem em competição com a natureza no fabrico de materiais em pequena escala de forma rotineira. Para atingir este objetivo, foram empreendidas duas abordagens diferentes, que são "de cima para baixo" e "de baixo para cima".

A abordagem de cima para baixo baseia-se no princípio de que os objectos de grandes dimensões podem ser esculpidos para obter objectos mais pequenos. Os seres humanos têm seguido esta abordagem desde o início da civilização e, com o tempo, esta arte foi dominada para atingir limites de tamanho de níveis submicrónicos. No entanto, os constrangimentos físicos limitam a aplicação desta abordagem para atingir a precisão do domínio nano. Assim, a abordagem de baixo para cima tomou o lugar onde objectos de pequena escala podem ser montados para construir materiais de maior dimensão para várias aplicações. Isto inclui a síntese de nanoestruturas com as caraterísticas desejadas, a sua auto-montagem e a eventual formação de partículas de maiores dimensões.

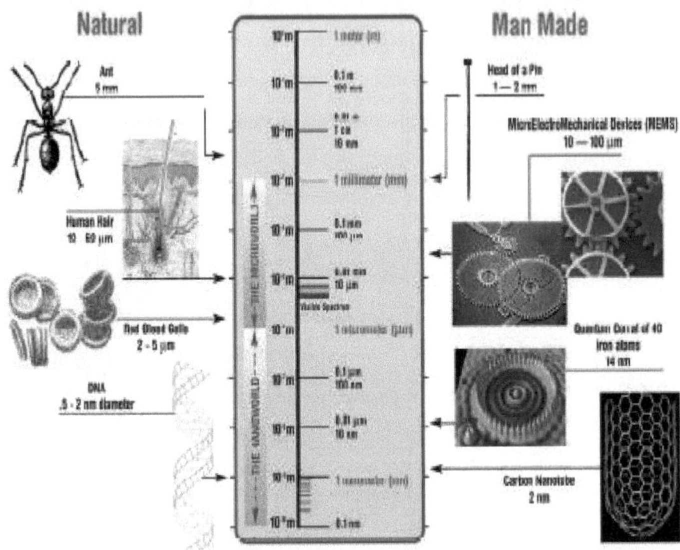


**Figura 5** Imagem que mostra a escala de dimensão relativa de vários sistemas miniaturizados

materiais naturais e artificiais.

**Figura 6** Taça Licurgo (Museu Britânico).

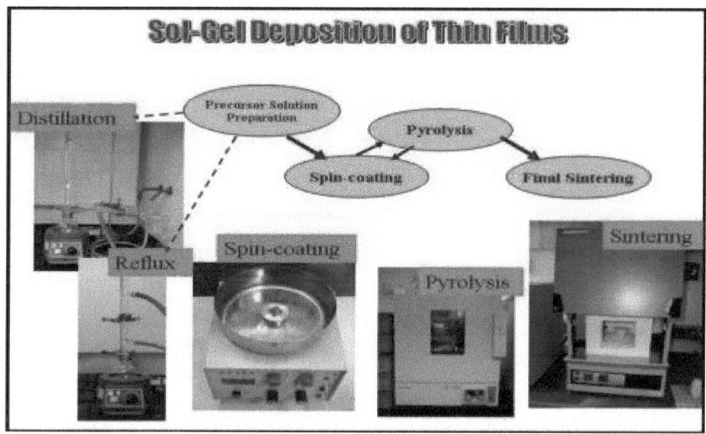


**Figura 7**. Arranjo experimental para a produção de película fina de nanopartículas.

O interesse nas propriedades destes materiais, quer sob a forma de um cristal único, policristalino ou de uma película fina de grandes dimensões, para uma fotoconversão óptima, foi demonstrado várias vezes. Os selenetos metálicos têm atraído uma atenção considerável devido às suas propriedades interessantes e potenciais aplicações. Têm sido amplamente utilizados como materiais de arrefecimento termoelétrico, filtros ópticos, materiais de registo ótico, materiais para células solares, materiais superiónicos e materiais para sensores e lasers.

Foi também registada uma comutação de memória dependente da polaridade em dispositivos com SnSe cristalino. O recozimento prolongado de películas de SnSe a temperaturas superiores a 673 K transfere o SnSe para SnO e $SnO_2$. Estas películas são muito resistentes aos ácidos e podem servir como revestimentos protectores

As películas monofásicas de SnSe podem ser utilizadas como camada absorvente no fabrico de células solares de heterojunção. Os materiais a granel correspondentes ao SnSe são semicondutores de baixo intervalo de banda e têm sido objeto de numerosas aplicações devido à sua importância tecnológica como detectores de radiação infravermelha e visível. O comportamento anisotrópico dos calcogenetos de estanho torna-os atraentes compostos em camadas, utilizados como materiais catódicos em baterias de intercalação de lítio.

O composto SnSe, sob a forma de monocristais de alta qualidade ou de camadas epitaxiais, é utilizado em dispositivos optoelectrónicos e detectores de radiação nuclear. As recentes aplicações tecnológicas dos calcogenetos de estanho incluem a construção de LASER e detectores na região do infravermelho. Por conseguinte, o estudo destes calcogenetos de estanho ou SnSe suscita grande interesse em todo o mundo e até hoje.

## *1.3 HISTÓRIA E PRIMEIRAS OBSERVAÇÕES*

A exposição da humanidade ao mundo nano não é nova e a história dos colóides de metais nobres é relatada na literatura antiga. A história afirma que Moisés, o grande médico, deu a primeira receita de ouro coloidal. Os versículos 19 e 20 do livro "Êxodo" mencionam a preparação do primeiro ouro coloidal. De acordo com o versículo 20,

*"E tomou o bezerro [de ouro] que tinham feito, e queimou-o no fogo, e moeu-o até que se tornou em pó, e espalhou-o sobre a água, e a beber aos filhos de Israel."*

A menção acima indica que o potencial das suspensões coloidais de metais nobres na terapêutica foi percebido desde a antiguidade. O grande médico e alquimista alemão, Paracelso (1493-1541), citou uma vez: "*De todos os elixires, o ouro é supremo e o mais importante para nós, pois pode manter o corpo indestrutível. O ouro potável cura todas as doenças, renova e restaura*". O aurum potable (ouro potável) e a luna potable (prata potável) são considerados elixires pelos alquimistas desde 1570. As propriedades ópticas do ouro e da prata coloidais chamaram especialmente a atenção devido aos seus máximos de absorção na região visível do espetro eletromagnético, o que dá origem a suspensões coloidais coloridas.

Em 1818, Jeremias Benjamin Richters deu uma explicação para as diferentes cores observadas no ouro bebível, indicando que a cor rosa ou púrpura se devia ao mais fino grau de subdivisão, enquanto a cor amarela surgia devido à agregação de partículas muito finas. Antigamente, o ouro e a prata coloidais eram utilizados como corantes. O corante dos vidros, "Púrpura de Cássio", é um coloide com heterocoagulação de nanopartículas de ouro e óxido de estanho. Do mesmo modo, a taça de Licurgo do século IV d.C. [37] (Figura 1 (b). Que tem um aspeto verde à luz reflectida e vermelho à luz transmitida, contém ouro e prata coloidais. Em 1857, Faraday relatou a preparação de uma solução de nanopartículas de ouro de cor vermelha profunda através redução de iões de cloroaurato aquosos utilizando fósforo em $CS_2$. Este foi provavelmente o primeiro relatório racionalizado sobre a síntese intencional de nanopartículas de ouro coloidais. Pouco tempo depois, o termo coloide foi cunhado por Thomas Graham (1861) para partículas suspensas em meio líquido e foi classificado como estando na faixa de tamanho de 1 nm a alguns µm. No entanto, Norio Taniguchi deu o termo "nanotecnologia" para as partículas coloidais, que têm pelo menos uma dimensão da escala de comprimento de 1-100 nm. Desde o relatório de Faraday, foram desenvolvidas várias abordagens diferentes para a síntese de nanopartículas coloidais de metais nobres por vias físicas, químicas e biológicas.

As nanoestruturas com dimensões entre 1 e 100 nm atraíram uma enorme atenção nas últimas duas décadas. O desenvolvimento dos modernos circuitos integrados micro (electrónicos) estimulou um grande esforço de investigação para criar estruturas mais pequenas, a fim de obter desempenhos mais elevados, menor consumo de energia e custos mais baixos. A redução da escala de metais e semicondutores para o regime nanométrico revelou vários fenómenos interessantes, como a excitação dependente do tamanho, a condutância quantificada e as transições de metal para semicondutor e para isolante [36]. A física e a matemática modernas tornam possível estudar, simular e explicar estas propriedades dependentes do tamanho e da forma. No entanto, a aplicação de materiais nanométricos é muito mais antiga do que a ciência atual e remonta ao antigo Egito e à época romana. Nos tempos antigos, as nanopartículas metálicas eram formadas em vidro fundido e utilizadas para fazer objectos de vidro colorido. Um exemplo magnífico de vidro antigo é a Taça

Lycurgus [37]. (século IV d.C.), que ilustra o mito do rei Licurgo (Figura 6). As nanopartículas de ouro dispersas no vidro fazem com que este apareça verde, quando visto em luz diurna reflectora. Quando a taça é iluminada a partir do interior, aparece vermelha pela luz transmitida.

O primeiro estudo sobre a dependência do tamanho das propriedades físicas dos metais foi efectuado por Faraday em 1856 [38]. Faraday observou que a estrutura eletrónica de um metal pode tornar-se dependente do tamanho abaixo de uma determinada dimensão. Os fenómenos de dependência do tamanho foram também observados na década de 1960 para os semicondutores [38, 40], em que, para dispersões coloidais de AgBr e AgI, se observou um comprimento de onda de absorção mais curto em comparação com o material macroscópico [40]. O estudo de MoS2 em camadas e poços quânticos revelou propriedades ópticas dependentes do espaço para poços quânticos com diferentes espessuras de camada [41]. Evans e Young foram dos primeiros a relacionar estas descobertas com a quantização do tamanho da estrutura eletrónica de um semicondutor [41]. No entanto, só na década de 1980 é que foi proposta a primeira explicação teórica para os nanocristais esféricos coloidais (NCs) por Brus [42]. Juntamente com os avanços nos processos de síntese [43, 44], este facto levou a um rápido aumento da investigação no domínio dos materiais nanométricos. O trabalho de Murray, Norris e Bawendi, em 1993 [45], representou um avanço na síntese de NCs semicondutores monodispersos ou pontos quânticos (QDs) de elevada qualidade. Separaram a nucleação inicial do crescimento das partículas, através da injeção rápida de reagentes num solvente de coordenação quente.

O aumento súbito da concentração de precursores acima do limiar de nucleação a uma temperatura suficientemente elevada desencadeia uma breve explosão de nucleação, levando a uma rápida diminuição da concentração de precursores abaixo do ponto de nucleação. Neste ponto, não se formam novas partículas e o crescimento prossegue através do consumo de monómeros da solução pelos núcleos de QD. Este "método de injeção a quente" permitiu a criação de vários tipos (CdSe, CdTe, CdS, PbSe e ZnSe) de NCs monodispersos (<10% de distribuição de tamanho) e de alta qualidade. Nos últimos anos, foram desenvolvidos vários métodos alternativos que resultaram em NCs monodispersos de alta qualidade em ambientes hidrofóbicos [41,

43] e aquosos [46, 47, 48]. O trabalho apresentado nesta tese baseia-se principalmente no método de injeção a quente [41, 49] e na formação de QDs coloidais a partir do crescimento iniciado pela temperatura, utilizando aglomerados atómicos pré-formados [50]. Os NCs semicondutores coloidais com várias formas e propriedades são preparados, estudados e utilizados como uma nova classe de materiais luminescentes com propriedades ópticas distintas.

A síntese e a caraterização de nanocristais semicondutores dopados (NCs) também atraíram uma atenção considerável e notável nos últimos anos e atualmente. Os dopantes nos nanocristais têm sido utilizados como sondas de parâmetros estruturais microscópicos. Os desafios sintéticos da dopagem de nanocristais semicondutores também proporcionaram bases para a investigação das químicas básicas da nucleação homogénea e do crescimento de cristais na presença de impurezas.

A maior parte dos trabalhos de investigação centrou-se também no $Mn^{+2}$ como dopante e nos semicondutores CdS como hospedeiro. As propriedades ópticas e eléctricas dos nanopartículas são diferentes das do material a granel correspondente porque, no regime nanométrico, os sólidos perdem gradualmente o seu comportamento a granel devido ao confinamento quântico. Os nanocristais exibem propriedades físicas interessantes, como o desvio para o azul do intervalo de absorção com a diminuição do tamanho dos cristais, a elevada força de oscilação e o efeito ótico não linear. De entre os diferentes métodos de síntese, o método da solução aquosa tem sido amplamente utilizado [51, 52], uma vez que os pontos quânticos e os nanocristais têm uma forte estabilidade e reatividade.

As técnicas de síntese podem oferecer, possivelmente, as condições ideais para a nucleação e o crescimento de cristais. No próximo capítulo, são discutidas a teoria e a formulação pormenorizadas relativas à nucleação e ao crescimento de nanopartículas. No próximo capítulo, são abordadas a teoria e a formulação pormenorizadas relativas à nucleação e ao crescimento de nanopartículas, que ajudariam a produzir cristais de estrutura ideal após o processo de maturação de

Ostwald. O controlo do tamanho das nanopartículas depende da capacidade de parar o crescimento dos cristais acima da relação de equilíbrio [51]

Isto pode ser conseguido selecionando um reagente, um agente de cobertura e um solvente adequados. No trabalho de investigação por eles realizado, sintetizaram nanopartículas de CdS: Mn pelo método de solução aquosa e estudaram o crescimento de cristais em diferentes fases dos processos de síntese e envelhecimento. O efeito da dopagem, da temperatura de síntese e do processo de recozimento na estrutura dos cristais foi investigado.

## 1.4 NANOMATERIAIS E OUTROS RAMOS DA CIÊNCIA TECNOLOGIA

Atualmente, todos falam de nanomateriais e, de facto, são muitas as publicações, livros e revistas dedicados a este tema. Direta ou indiretamente, a maioria das publicações de investigação está associada às nanopartículas. Normalmente, essas publicações são dirigidas a especialistas como os físicos e os químicos e os clássicos. Os cientistas de materiais deparam-se com problemas crescentes na compreensão da situação. Além disso, as pessoas que se interessam pelo assunto mas que não têm formação específica em nenhum destes domínios não têm praticamente qualquer hipótese de compreender o desenvolvimento desta tecnologia. O objetivo deste livro é preencher esta lacuna.

O livro centra-se nos fenómenos especiais relacionados com os nanomateriais e tenta fornecer explicações que evitem, na medida do possível, a sua ocorrência. As dificuldades com os nanomateriais resultam do facto de, ao contrário dos materiais convencionais, não ser suficiente um conhecimento profundo da ciência dos materiais. Estamos a falar de dificuldades não só em relação à síntese de nanopartículas, mas também de dificuldades de caraterização de interpretação dos dados obtidos. A maior parte da investigação teórica em física está a decorrer até hoje para explicar as propriedades ópticas, eléctricas e térmicas dos materiais quando as suas dimensões são reduzidas e se transformam em pontos quânticos. O cartoon apresentado na Figura 7 mostra que os nanomateriais se encontram na intersecção da ciência dos materiais, da física, da química e, para muitas das aplicações mais interessantes, também da biologia e da medicina.

Os cientistas estão também a centrar-se principalmente nas aplicações das nanopartículas com base no material utilizado para a síntese, bem como no tamanho das partículas/cristalitos das nanopartículas sintetizadas. Uma vez que todas as propriedades físicas, químicas e todas as propriedades das nanopartículas dependem do tamanho da partícula, escolhendo o método de tentativa e erro, as propriedades adequadas podem ser ajustadas para qualquer tipo de requisitos de propriedades.

No entanto, esta situação é menos complicada do que parece à primeira vista, uma vez que o número de factos adicionais introduzidos na ciência dos materiais não é assim tão grande. No entanto, o utilizador de nanomateriais deve aceitar que as propriedades destes últimos materiais exigem um conhecimento mais profundo da sua física e química. Enquanto que, para os materiais convencionais, a interface com a biotecnologia e a medicina está diretamente relacionada com a aplicação, a situação é diferente na nanotecnologia, onde as moléculas biológicas, como as proteínas ou o ADN, são também utilizadas como blocos de construção para aplicações fora da biologia e da medicina. Assim, a primeira questão a colocar é: o que são nanomateriais? Existem duas definições. A primeira e mais ampla definição diz que os nanomateriais são materiais em que as dimensões dos blocos de construção individuais são inferiores a 100 nm, pelo menos numa dimensão.

Esta definição é adequada para muitas propostas de investigação, em que os nanomateriais têm uma elevada prioridade. A segunda definição é muito mais restritiva e afirma que os nanomateriais têm propriedades que dependem intrinsecamente da pequena dimensão do grão e, como os nanomateriais são normalmente bastante caros, esta definição restritiva faz mais sentido. A principal diferença entre a nanotecnologia e as tecnologias convencionais reside no facto de a abordagem ascendente ser preferida na nanotecnologia, enquanto as tecnologias convencionais utilizam normalmente a abordagem descendente.

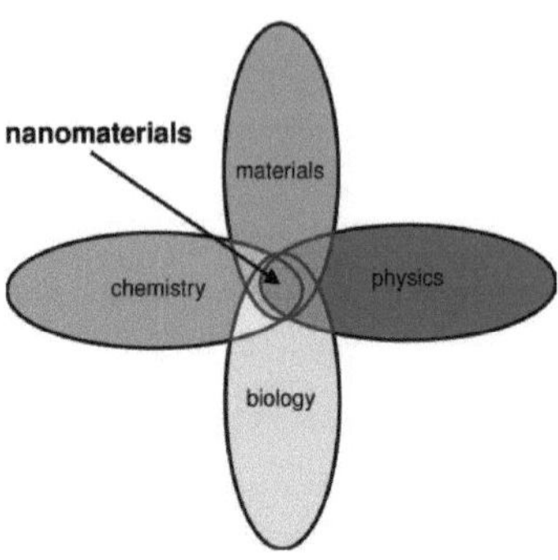


Figura 7. Um conhecimento básico de física e química e alguns conhecimentos de ciência dos materiais, é necessário para compreender propriedades e comportamento dos nanomateriais.

A diferença entre estas duas abordagens pode ser explicada simplesmente utilizando o exemplo da produção de pó, em que a síntese química representa a abordagem ascendente, enquanto a trituração e moagem de pedaços representa o processo descendente equivalente. Se examinarmos estas tecnologias mais de perto, a expressão top down significa partir de grandes pedaços de material e produzir a estrutura pretendida por métodos mecânicos ou químicos. Esta situação é mostrada esquematicamente na Figura 8. Desde que as estruturas se encontrem dentro de uma gama de dimensões acessíveis quer por ferramentas mecânicas quer por processos fotolitográficos, os processos top down têm uma flexibilidade inigualável na sua aplicação.

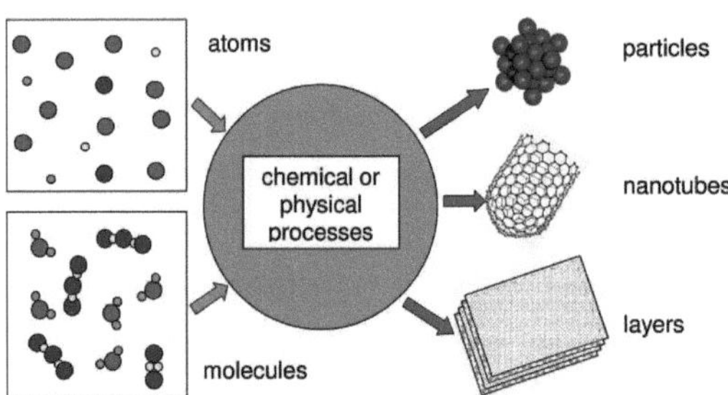


Figura 8 As nanotecnologias estão normalmente ligadas a processos ascendentes e caracterizam-se pela utilização de átomos ou moléculas como

blocos de construção. Os processos bottom-up resultam em partículas, nanotubos, nanobastões, películas finas ou estruturas em camadas.

A situação é diferente nos processos ascendentes em que os átomos ou as moléculas são utilizados como blocos de construção para produzir nanopartículas, nanobastões ou nanotubos, películas finas ou estruturas em camadas. De acordo com a sua dimensionalidade, estas caraterísticas são também designadas por nanoestruturas de dimensão zero, uma ou duas dimensões. A figura 8 mostra também a construção de partículas, camadas, nanotubos ou nanobastões a partir de átomos (iões) ou moléculas. Embora estes processos proporcionem uma enorme liberdade entre os produtos resultantes, o número de estruturas possíveis a obter é comparativamente pequeno.

Para obter estruturas ordenadas, os processos de baixo para cima devem ser complementados pela auto-organização de partículas individuais. Muitas vezes, as tecnologias top-down são descritas como sendo subtractivas, em contraste com as aditivas. O problema crucial já não é a produção destes elementos da nanotecnologia, mas sim a sua incorporação em peças técnicas. As dimensões das tecnologias clássicas descendentes em relação às tecnologias ascendentes. Existe uma vasta gama de sobreposições em que as tecnologias descendentes melhoradas, como a litografia por feixe de electrões ou por raios X, entram na gama de dimensões típica das nanotecnologias. Atualmente, estas tecnologias descendentes melhoradas estão a penetrar num número crescente de domínios de aplicação.

## 1.5 RAZÃO SUBJACENTE ÀS PROPRIEDADES DEPENDENTES DO TAMANHO DAS NANOPARTÍCULAS E À SUA APLICAÇÃO MAIS ALARGADA

Para aplicações industriais, a questão mais importante é o preço dos produtos em relação às suas propriedades. Na maioria dos casos, os nanomateriais e os produtos que utilizam nanomateriais são significativamente mais caros do que os produtos convencionais. No caso dos nanomateriais, o aumento do preço é, por vezes, mais pronunciado do que a melhoria das propriedades, pelo que as aplicações economicamente interessantes dos nanomateriais só são frequentemente encontradas em áreas onde são exigidas propriedades específicas que estão fora do alcance dos materiais convencionais. Assim, desde que a utilização de nanomateriais com novas propriedades proporcione a solução para um problema que não pode ser resolvido com materiais convencionais, o preço torna-se muito menos importante.

Outro aspeto é que, uma vez que as aplicações de nanomateriais com propriedades melhoradas estão em concorrência direta com tecnologias convencionais bem estabelecidas, encontrarão uma concorrência feroz em termos de preços, o que pode levar a grandes problemas para uma tecnologia jovem e dispendiosa. De facto, observa-se frequentemente que as margens de lucro marginais na produção ou aplicação de nanomateriais com propriedades melhoradas podem resultar em graves dificuldades financeiras para empresas recentemente criadas. Em geral, a aplicação economicamente bem sucedida de nanomateriais requer apenas uma pequena quantidade de material em comparação com as tecnologias convencionais; por conseguinte, está-se a vender conhecimento. Finalmente, apenas os materiais que apresentam novas propriedades conducentes a novas aplicações, fora do alcance dos materiais convencionais, prometem resultados económicos interessantes.

À medida que a relação superfície/volume aumenta, uma maior quantidade de uma substância entra em contacto com o material circundante. Isto resulta em melhores catalisadores, uma vez que uma concentração / proporção maior ou extremamente elevada de do material é exposta para uma potencial reação do ponto de vista químico. Embora a maioria dos materiais microestruturados tenha propriedades semelhantes às dos materiais a granel correspondentes, as propriedades dos materiais com dimensões nanométricas são significativamente diferentes das dos átomos e dos materiais a granel . Isto deve-se principalmente à dimensão nanométrica dos materiais, que lhes confere: (i) uma grande fração de átomos superficiais, (ii) elevada energia superficial, (iii) confinamento espacial e (iv) imperfeições reduzidas, que não existem nos materiais a granel correspondentes. Os nanomateriais têm uma área de superfície relativamente maior quando comparados com a mesma massa de material produzido a granel. medida que o tamanho das partículas diminui, uma maior proporção de átomos encontra-se à superfície em comparação com os que se encontram no interior. Por exemplo, a variação da percentagem de átomos à superfície com o tamanho da partícula é mostrada na Tabela 2.

**Tabela 2** Variação da percentagem de átomos à superfície com o tamanho do grão.

| Tamanho das partículas (nm) | Número de átomos | Átomos à superfície (%) |
|---|---|---|
| 10 | 30000 | 20 |
| 5 | 4000 | 40 |
| 2 | 250 | 80 |
| 1 | 25 | 99 |

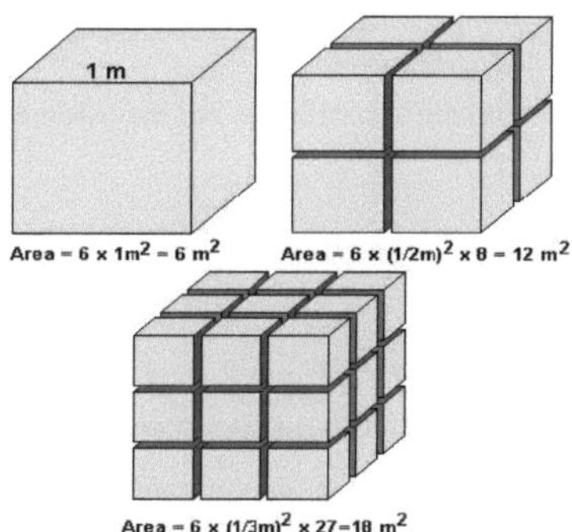


Figura 9. Como o rácio superfície/volume aumenta nas nanopartículas quando as dimensões são reduzidas.

Como o crescimento e as reacções químicas catalíticas ocorrem nas superfícies, isto pode tornar os materiais mais reactivos do ponto de vista químico (em alguns casos, os materiais que são inertes na sua forma a granel são reactivos quando produzidos na sua forma nanométrica) e afetar a sua resistência. Assim, todo o material será afetado pelas propriedades da superfície dos nanomateriais. Para outros materiais, como os sólidos cristalinos, à medida que o tamanho dos seus componentes estruturais diminui, há uma área de interface muito maior dentro do material, o que pode afetar grandemente as propriedades mecânicas e eléctricas. Por exemplo, a maioria dos metais é constituída por pequenos grãos cristalinos.

Outras fronteiras entre os grãos retardam ou impedem a propagação de defeitos quando o material é sujeito a tensão, conferindo-lhe assim resistência. Se estes grãos puderem ser muito pequenos, ou mesmo nanométricos, a área de interface no interior do material aumenta consideravelmente, o que reforça a sua resistência.

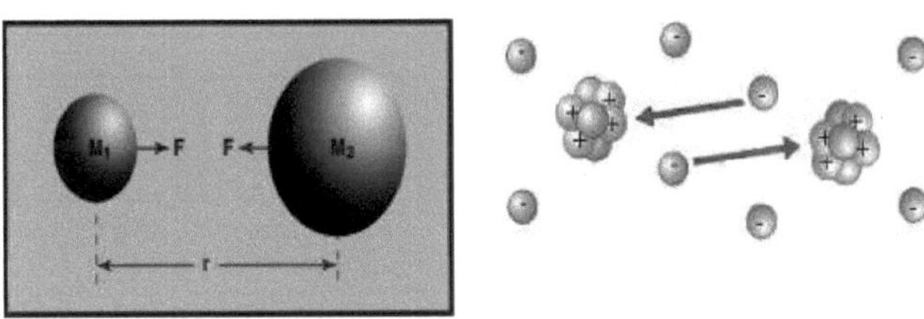

Figura 10. Força gravitacional entre partículas em macroescala e em nanoescala.

As nanopartículas afectam muitas propriedades, como o ponto de fusão, o ponto de ebulição, o intervalo de energia ótica, as propriedades ópticas, as propriedades dieléctricas e as propriedades magnéticas. Até a estrutura dos materiais se altera em função do tamanho das partículas das nanopartículas sintetizadas. Quatro formas importantes pelas quais os materiais à nanoescala podem diferir dos materiais à macroescala. Por esta razão, é útil compreender este facto da seguinte forma.

- A força gravitacional torna-se negligenciável e a força electromagnética domina
- A mecânica quântica é o modelo utilizado para descrever o movimento e a energia em vez da mecânica clássica.
- Superfície do ralador para raios de volume.
- O movimento molecular aleatório torna-se mais importante

**Papel da força gravitacional em nanopartículas e materiais a granel**

- Porque a massa dos objectos à nanoescala é muito pequena e, por isso, a gravidade torna-se zero.

- A força gravitacional é função da massa e da distância e é uma força de tipo fraco, mas a força electromagnética é de tipo muito forte porque depende da carga e da distância entre elas. É independente da massa das partículas.

No interior de um sólido cristalino, os átomos estão limitados pela rede cristalina, mas à superfície os átomos têm mais liberdade para se deslocarem de um local para outro, devido à elevada energia cinética. À medida que a temperatura aumenta, os átomos começam a vibrar. Quando a vibração dos átomos da superfície atinge uma determinada percentagem do comprimento da ligação entre eles, inicia-se a fusão e os átomos começam a propagar-se através do sólido.

## REFERÊNCIAS


[1] H. Scheer, A. Ketley, "The Solar Economy", Earth Scan Publications (2002).

[2] S. M. Sze, "Physics of Semiconductor Devices", Wiley Eastern Limited, (1991).

[3] F. Lukes, E. Schmidt, P. Dub, F. Kosek, Phys. Stat. Sol., (b), **137** (1986) 569.

[4] A. D. Yoffe, em Festkorperprobleme XII (Editado por Queisser H J) Pergamon- Viewag, Braunschweig (1973).

[5] R. Zallen, "Proc. 12th Int. Conf. Phys. Semicond. Stuttgart", 1974 (Editado por M. H. Pilkuhn) Teubner, Stuttgart (1974) 621.

[6] J. L. Brebner, J. Phys. Chem. Solids, **25** (1964) 1427.

[7] H. I. Ralph, Solid. State. Commun., **3** (1965) 303.

[8] A. M. Shinada, S. Sugano, J. Phys. Soc. Japan, **20** (1965) 1274.

[9] P. A. G. O'Hare, J. Chem. Thermodynamics, **19** (1987) 675.

[10] H. Wiedemeier, Y. R. Ge, Z. Anorg., Allg. Chem., **339** (1991) 598.

[11] V. M. Glazov, O. D. Shchelikov, Sov. Phys. Semicond., **18** (4) (1984) 411.

[12] S. Logothetidis, H. M. Polatoglu, Phys. Rev. B, **36** (1987) 7491.

[13] G. Valiukonis, D. A. Gussienova, G. Krivaite, A. Sileika, Phys. Stat. Solidi (b), **135** (1986) 299.

[14] D. I. Bletskan, I. F. Kopinets, P. P. Pogoretski, E. N. Salkova, D. V. Chepce, Kristallographica, **20** (1975) 1008.

[15] M. Parentau, M. Carlone, Phys. Rev. B, **41** (1990) 5227.

[16] D. I. Bletskan, V. I. Taran, M. Yu. Sichka, Ukr. Fiz. Zh., **21** (1976) 1436.

[17] J. P. Singh, R. K. Bedi, J. Appl. Phys., **68** (1990) 2776.

[18] R. K. Bedi, B. S. V. Gopalan, J. Majhi, Conferência sobre Física e Tecnologia de Dispositivos Semicondutores e Circuitos Integrados, SPIE Publicações (1992) 104.

[19] J. J. Lofersky, J. Appl. Phys., **27** (1956) 777.

[20] J. J. Lofersky, Proc. IEEE, **51** (1963) 667.

[21] M. Rodoat, Ata Eletrónica, **18** (1975) 345.

[22] M. Rodoat, Rev. Phys. Appl., **12** (1977) 411.

[23] Y. Xie, H. Su, B. Li e Y. Qian, Mater. Res. Bull, **35** (2000) 459.

[24] Dongwoo Chun, R. M. Valser, R. W. Bene, T. H. Courtney, Appl. Phys. Lett., **24** (10) (1974), 479

[25] M. Ristov, G. Sinadinovski, I. Grozdanov, M. Mistreski. Sólido fino Films, **173** (1989) 53.

[26] P. W. Bridgman, Proc. Am. Acad. Arts Sci., **60** (1925) 305.

[27] L. S. Wang, B Niu, Y T Lee, Shirley, J. Chem. Phys., **92** (2)(1990) 899.

[28] J Yamaki, A Yamaji, Physica B, **105** (1981) 466.

[29] R. K. Willardson, A. C. Beer (Eds), Semiconductors and Semimetals, (Academic Press, N Y)

[30] Li Ming Yu, A. Degiovammi, P. A. Thiry, J. Ghijsen, R. Caudamo e Ph. Lambin, Phys. Rev. B., **47** (24) (1993) 16222.

[31] O. MedLung, M. Schulz, H. Weiss, (Eds), Semiconductors, Londolt-Bornstein, 17 (Springer- Verlag, Berlim), (1983).

[32] S. Asanabe, A. Okazaki, Proc. Phys. Soc. (Londres), **A 73** (1959) 824.

[33] S. Asanabe, J. Phys. Soc. Japan, **14** (1959) 281.

[34] N. Kh. Abriksov, V. F. Bankina, L. V. Poretskaya, L. E. Shelimova e E. V. Skudnova, Semiconducting II - VI, IV - VI *& V - VI Compounds,* Plenum Press, New York, (1969) 74.

[35] W. Hofman, Z. Krist., **92** (1935) 161.

[36] Wertheim, G. K. Zeitschrift für Physik D Atoms, Molecules and Clusters, **12** (1988), 319.

[37] U. Leonhardt, Nature Photonics, **1** (2007) 207.

[38] M. Faraday, Philos. Trans., **147** (1857) 145.

[39] C. R. Berry, Phys. Rev., **153** (1967) 989.

[40] C. R. Berry, Phys. Rev., **161** (1967) 848.

[41] B. L. Evans, P. A. Young, Proc. R. Soc. London Ser. A., **74** (1967) 298.

[42] L. Brus, J. Phys. Chem., **90** (1986) 2555.

[43] M. L. Steigerwald, A. P. Alivisatos, J. M. Gibson, T. D. Harris, R. Kortan, A. J. Muller, A. M. Thayer, T. M. Duncan, D. C. Douglass, L. E. Brus, J. Am. Chem. Soc., **110** (1988) 3046.

[44] J. G. Brennan, T. Siegrist, P. J. Carroll, S. M. Stuczynski, L. E. Brus,

M. L. Steigerwald, J. Am. Chem. Soc., **111** (1989) 4141.

[45] Murray, C. B.; Norris, D. J.; Bawendi, M. G. J. Am. Chem. Soc., (1993) 8706.

[46] D. Pan, Q. Wang, S. Jiang, X. Ji, L. An, Adv. Mater., **17** (2005) 176.

[47] D. W. Deng, Y. B. Qin, X. Yang, J. S. Yu, Y. J. Pan, Cryst. Growth.., **296** (2006) 141.

[48] N. Gaponik, D. V. Talapin, A. L. Rogach, K. Hoppe, E. V. Shevchenko, A. Kornowski, A. Eychmüller, H. Weller, J. Phys. Chem. B, **106** (2002) 7177.

[49] D. V. Talapin, A. L. Rogach, A. Kornowski, M. Haase, H. Weller, Nano Lett., **1** (2001) 207.

[50] I. G. Dance, A. Choy, M. L. Scudder, J. Am. Chem. Soc., **106** (1984), 6285.

[51] Pradhan, N.; Goorskey, D.; Thessing, J.; Peng, X. J. Am. Chem. Soc. **2005**, 127, 17586-17587.

[52] Murray, C. B.; Norris, D. J.; Bawendi, M. G. J. Am. Chem. Soc. **1993**, 115, 8706-15.

# CAPÍTULO 2

# MECANISMO DE NUCLEAÇÃO E CRESCIMENTO DE NANOPARTÍCULAS

## 2.1 CRESCIMENTO DE NANOPARTÍCULAS : CONCEITO TOP DOWN E BOTTOM UP

Num processo de síntese química por via húmida, o crescimento químico de materiais a granel ou de dimensões nanométricas envolve inevitavelmente a precipitação de uma fase sólida a partir da solução. Para um determinado solvente, existe uma certa solubilidade para um soluto, pelo que a adição de qualquer excesso de soluto resultará na precipitação e formação de nanopartículas. Assim, no caso da formação de QDs, para que a nucleação e o crescimento ocorram, o pré-requisito é formar uma solução supersaturada. Isto pode ser conseguido dissolvendo diretamente o soluto a uma temperatura mais elevada e depois arrefecendo-o a baixas temperaturas; ou adicionando os reagentes necessários para produzir uma solução supersaturada durante a reação.

A nanossíntese é a subdisciplina que trata do desenvolvimento de metodologias gerais para a preparação de nanomateriais. Os materiais nanocristalinos podem ser sintetizados através da consolidação de pequenos aglomerados ou da decomposição do material a granel em dimensões cada vez mais pequenas. Assim, os métodos de nanossíntese dividem-se em duas classes, designadas por bottom up e top down. A abordagem de baixo para cima consiste em recolher, consolidar e moldar átomos e moléculas individuais numa estrutura.

O método descendente começa com um objeto ou padrão de grande escala e reduz gradualmente a sua dimensão ou dimensões. A atrição ou moagem é um método descendente típico na produção de nanopartículas (esta técnica de síntese é também designada por moagem de esferas, na qual são utilizadas esferas metálicas duras), enquanto a dispersão coloidal é um bom exemplo de abordagem ascendente na síntese de nanopartículas. A litografia pode ser considerada uma abordagem híbrida, uma vez que o crescimento de películas finas é feito de baixo para cima, enquanto a gravação é feita de cima para baixo. Ambas as abordagens desempenham papéis muito importantes na indústria moderna e, muito provavelmente, também na nanotecnologia.

Existem vantagens e desvantagens em ambas as abordagens. Entre outros, o maior problema da abordagem descendente é a imperfeição da estrutura da superfície. Os métodos convencionais de cima para baixo, como a litografia, podem causar danos cristalográficos significativos nos padrões processados e podem ser introduzidos defeitos adicionais mesmo durante as etapas de gravação. Por exemplo, os nanofios produzidos por litografia não são lisos e podem conter muitas impurezas e defeitos estruturais na superfície.

Estes tipos de imperfeições teriam um impacto significativo nas propriedades físicas e na química da superfície das nanoestruturas e dos nanomateriais, uma vez que a relação superfície/volume nas nanoestruturas e nos nanomateriais é muito grande. Especialmente no caso das nanopartículas semicondutoras, todas as propriedades físicas e ópticas (eléctricas, dieléctricas, temáticas e todas as propriedades, os espectros de fotoluminiscência e de absorção ótica e, por conseguinte, o intervalo de bandas de energia da amostra de nanopartículas em estudo). As imperfeições da superfície resultariam na redução da condutividade devido à dispersão inelástica da superfície, o que, por sua vez, levaria à geração de calor excessivo, impondo assim desafios adicionais à conceção e ao fabrico do dispositivo.

Independentemente das imperfeições superficiais e de outros defeitos que as abordagens "top down" possam introduzir, estas continuarão a desempenhar um papel importante na síntese e no fabrico de nanoestruturas e nanomateriais. Mas também a abordagem ascendente não é nada de novo e desempenha um papel importante no fabrico e processamento de nanoestruturas e nanomateriais. Há várias razões para este facto. Porque cada uma das técnicas de síntese tem as suas vantagens e desvantagens. Quando a estrutura se situa à escala nanométrica, há pouca escolha para uma abordagem de cima para baixo. Todas as ferramentas que possuímos são demasiado grandes para lidar com assuntos tão pequenos. A abordagem "bottom-up" promete melhores hipóteses de obter nanoestruturas com menos defeitos, composição química mais homogénea e melhor ordenamento a curto e longo prazo.

Isto deve-se ao facto de a abordagem ascendente ser impulsionada pela redução da energia livre de Gibb, de modo a que as nanoestruturas e os nanomateriais produzidos se encontrem num estado mais próximo do estado de equilíbrio termodinâmico. Pelo contrário, a abordagem descendente introduz muito provavelmente tensões internas, para além de defeitos superficiais e contaminações. Têm sido exploradas muitas tecnologias para sintetizar nanoestruturas e nanomateriais. Estas abordagens técnicas podem ser agrupadas de várias formas.

Uma forma de os agrupar é de acordo com os meios de crescimento, quer sejam sintetizados a partir da fase de vapor, líquida ou sólida: (i) Crescimento em fase de vapor, incluindo a pirólise por reação com laser para a síntese de nanopartículas e a deposição em camada atómica (ALD) para a deposição de películas finas, (ii) Crescimento em fase líquida, incluindo o processamento coloidal para a formação de nanopartículas e a auto-montagem de monocamadas, (iii) Crescimento em fase sólida, incluindo a segregação de fases para a formação de partículas metálicas em matrizes de vidro e a polimerização induzida por dois fotões para a formação de cristais fotónicos tridimensionais e (iv) Crescimento híbrido, incluindo o crescimento de nanofios por vapor líquido-sólido (VLS). Gleiter utilizou o método de condensação de gás inerte para produzir partículas de pó nanocristalino e consolidou-as in situ em pequenos discos em condições de ultra-alto vácuo (UHV). Desde então, foram desenvolvidos vários métodos para preparar materiais nanoestruturados a partir das fases de vapor, líquida ou sólida.

A Tabela 1 apresenta alguns dos métodos mais comuns utilizados para produzir materiais nanocristalinos e também a dimensionalidade do produto obtido. Os materiais nanoestruturados têm sido sintetizados nos últimos anos por métodos que incluem a condensação de gás inerte, a formação de ligas mecânicas, o processamento de conversão por pulverização, a deformação plástica severa, a eletrodeposição, a solidificação rápida a partir da fusão, a deposição física de vapor, o processamento químico de vapor, co-precipitação, processamento sol-gel, desgaste por deslizamento, erosão por faísca, processamento por plasma, auto-ignição, ablação por laser, pirólise hidrotérmica, sistema de fluxo forçado termoforético, arrefecimento da fusão sob alta pressão, modelação biológica, síntese sonoquímica e desvitrificação de fases amorfas.

De facto, do ponto de vista prático da investigação, qualquer método capaz de produzir materiais de granulometria muito fina pode ser utilizado para sintetizar materiais nanocristalinos. O tamanho do grão, a morfologia e a textura podem ser variados modificando/controlando adequadamente as variáveis do processo nestes métodos. Cada um destes métodos tem vantagens e desvantagens, pelo que se deve escolher o método adequado em função dos requisitos.

**Tabela 1** Técnicas de síntese de nanopartículas com diferentes dimensões.

| Starting Phase | Technique | Dimensionality of product |
|---|---|---|
| Solid | Mechanical Alloying/ milling | 3D |
| | Devitrification of amorphous phases | 3D |
| | Spark erosion | 3D |
| | Sliding wear | 3D |
| Liquid | Rapid Solidification | 3D |
| | Chemical bath deposition | 3D |
| | Electrodeposition | 1D, 3D |
| Vapour | Physical Vapour Deposition- evaporation and sputtering | 1D, 3D |
| | Plasma Processing | 3D |
| | Chemical Vapour Condensation | 3D, 2D |
| | Chemical reactions | 3D |
| | Inert gas condensation | 3D |

## 2.2 *FUNDAMENTOS DA NUCLEAÇÃO HOMOGÉNEA*

Quando a concentração de um soluto num solvente excede a sua solubilidade de equilíbrio ou a temperatura desce abaixo do ponto de transformação de fase, surge uma nova fase. Consideremos como exemplo o caso da nucleação homogénea de uma fase sólida a partir de uma solução supersaturada. Uma solução com um soluto que excede a solubilidade ou supersaturada possui uma energia livre de Gibbs elevada; a energia global do sistema seria reduzida se o soluto fosse segregado da solução.

Esta redução da energia livre de Gibbs é a força motriz tanto da nucleação como do crescimento. A variação da energia livre de Gibbs por unidade de volume da fase sólida, $\Delta G_{v,}$ depende da concentração do soluto **(Equação 1)**, como se mostra na **Figura 1.**

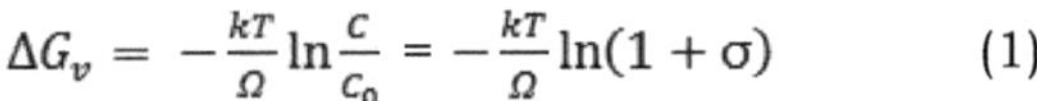

$$\Delta G_v = -\frac{kT}{\Omega}\ln\frac{C}{C_0} = -\frac{kT}{\Omega}\ln(1+\sigma) \quad (1)$$

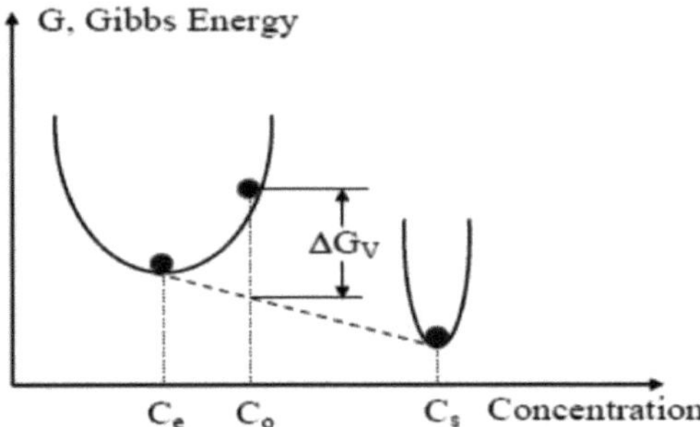


**Figura 1** Um esquema que mostra a redução da energia livre de Gibbs global energia de uma solução supersaturada através da formação de uma fase sólida e mantendo uma concentração de equilíbrio na solução.

em que C é a concentração do soluto, $C_o$ é a concentração de equilíbrio ou solubilidade, Ω é o volume atómico e σ é a supersaturação definida por $(C - C_o)/C_o$. Sem supersaturação (i.e., σ = 0), $\Delta G_v$ é zero e não ocorre nucleação.

Quando $C > C_o$, $\Delta G_v$ é negativo e a nucleação ocorre espontaneamente. Assumindo que se forma um núcleo esférico com um raio r, a variação da energia livre de Gibbs ou da energia volúmica, $\Delta\mu_v$, pode ser descrita pela **Equação 2.**

$$\Delta\mu_v = \frac{4}{3}\pi r^3 \Delta G_v \quad (2)$$

No entanto, esta redução de energia é contrabalançada pela introdução de energia de superfície, que é acompanhada pela formação de uma nova fase. Isto resulta num aumento da energia de superfície, $\Delta\mu_s$, do sistema, a partir da **Equação (3).**

$$\Delta\mu_s = 4\pi r^2 \gamma \qquad (3)$$

em que γ é a energia de superfície por unidade de área. A alteração total do potencial químico para a formação do núcleo, ΔG, é dada pela **Equação (4).**

$$\Delta G = \Delta\mu_v + \Delta\mu_s = \frac{4}{3}\pi r^3 \, \Delta G_v + 4\pi r^2 \gamma \qquad (4)$$

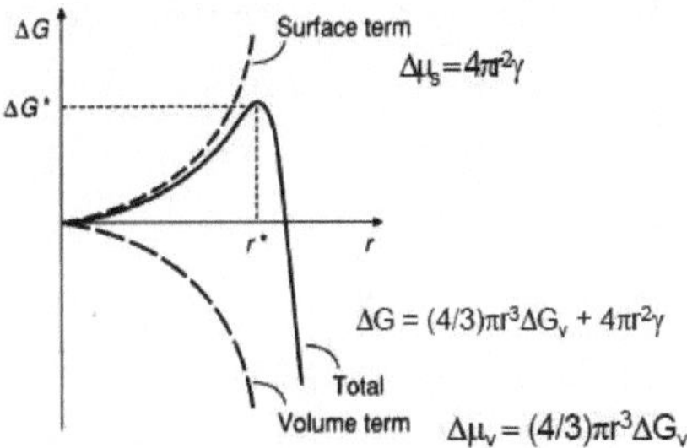


**A Figura 2** mostra esquematicamente a alteração da energia livre de volume, $\Delta\mu_v$, energia livre de superfície, $\Delta\mu_s$, e energia livre total, ΔG, em função de raio do núcleo.

A partir desta **Figura 2**, pode ver-se facilmente que o núcleo recém-formado só é estável quando o seu raio excede um tamanho crítico, r*. Um núcleo mais pequeno do que r* dissolve-se na solução para reduzir a energia livre global, enquanto um núcleo maior do que r* é estável e continua a crescer. No tamanho crítico r = r*, dΔG/dr = 0 e o tamanho crítico, r*, e a energia crítica, ΔG*, são definidos por:

$$r^* = -\frac{2\gamma}{\Delta G_V} \qquad (5)$$

$$\Delta G^* = \frac{16\pi\gamma}{3(\Delta G_V)^2} \qquad (6)$$

$\Delta G^*$ é a barreira de energia que um processo de nucleação tem de ultrapassar e $r^*$ representa a dimensão mínima de um núcleo esférico estável. A discussão acima foi baseada numa solução supersaturada; no entanto, todos os conceitos podem ser generalizados para um vapor supersaturado e um vapor ou líquido super-resfriado.

A comparação entre o tamanho crítico e a energia livre crítica de três núcleos esféricos com diferentes valores de supersaturação, alterando a temperatura, é mostrada na **Figura 3.** Na síntese e preparação de nanopartículas ou pontos quânticos por nucleação a partir de soluções ou vapores supersaturados, este tamanho crítico representa o limite de quão pequenas as nanopartículas podem ser sintetizadas. Para reduzir o tamanho crítico e a energia livre, é necessário aumentar a alteração da energia livre de Gibbs, $\Delta G_v$, e reduzir a energia de superfície da nova fase, $\gamma$. **A equação (1)** indica que $\Delta G_v$ pode ser significativamente aumentado através do aumento da supersaturação, $\sigma$, para um determinado sistema.

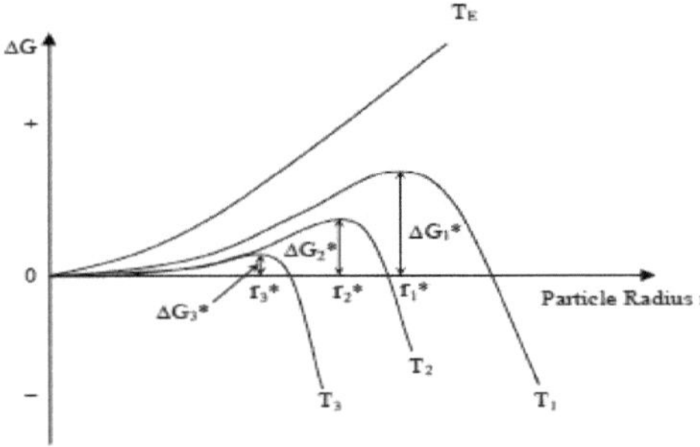


**Figura 3** Compara os tamanhos críticos e a energia livre crítica de três núcleos esféricos com diferentes valores de supersaturação, que aumenta com a diminuição da temperatura.

A temperatura também pode influenciar a energia de superfície. A energia de superfície do núcleo sólido pode mudar mais significativamente perto da temperatura de desbaste. Outras possibilidades incluem: (1) uso de solvente diferente, (2) aditivos na solução e (3) incorporação de impurezas na fase sólida, quando outros requisitos não são comprometidos.

A taxa de nucleação por unidade de volume e por unidade de tempo, $R_N$, é proporcional (1) à probabilidade, P, de uma flutuação termodinâmica da energia livre crítica, ΔG*, dada pela **Equação (7) a** seguir apresentada.

$$P = \exp^{\frac{-\Delta G^*}{kT}} \quad (7)$$

o número de espécies de crescimento por unidade de volume, n, que podem ser utilizadas como centros de nucleação (na nucleação homogénea, é igual à concentração inicial, $C_o$), e (3) a frequência de saltos bem sucedidos de espécies de crescimento, Γ de um local para outro, que é dada pela **Equação (8).**

$$\Gamma = \frac{kT}{3\pi\lambda^3\eta} \quad (8)$$

onde λ é o diâmetro da espécie em crescimento e η é a viscosidade da solução. Assim, a taxa de nucleação pode ser descrita pela **Equação (9).**

$$R_N = \mathrm{n}P\Gamma = \frac{C_0 kT}{3\pi\lambda^3\eta}\exp^{\frac{-\Delta G^*}{kT}} \quad (9)$$

Esta equação indica que uma concentração inicial elevada ou supersaturação (portanto, um grande número de locais de nucleação), baixa viscosidade e baixa barreira de energia crítica estão a favorecer a formação de um grande número de núcleos. Para uma dada concentração de soluto, um maior número de núcleos significa núcleos de menor tamanho.

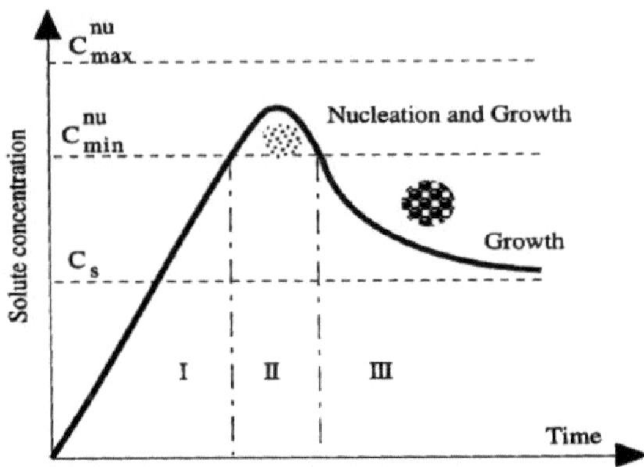


**Figura 4 Ilustração** esquemática dos processos de nucleação e crescimento subsequente. (Quando a concentração de soluto aumenta como em função do tempo, não ocorreria qualquer nucleação mesmo acima do solubilidade de equilíbrio).

A nucleação ocorre apenas quando a supersaturação atinge um determinado valor acima da solubilidade, o que corresponde à barreira energética definida pela **Equação (6)** para a formação de núcleos. **A Figura 4** mostra a nucleação e o subsequente crescimento das nanopartículas. Após a nucleação inicial, a concentração ou supersaturação das espécies de crescimento diminui e a energia livre de Gibbs de mudança de volume reduz-se. Quando a concentração diminui abaixo de uma determinada concentração, que corresponde à energia crítica, não se formarão mais núcleos, enquanto o crescimento prosseguirá até que a concentração das espécies de crescimento atinja a concentração de equilíbrio ou solubilidade.

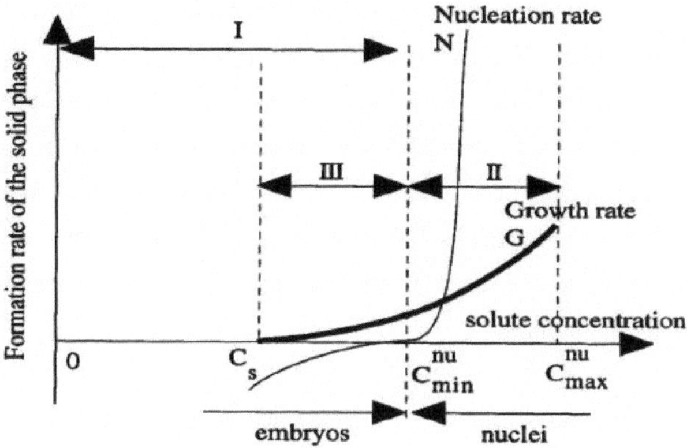


**A Figura 5** mostra esquematicamente as relações entre a nucleação e a taxas de crescimento e a concentração de espécies de crescimento.

Quando a concentração da espécie de crescimento aumenta acima da concentração de equilíbrio, inicialmente não haverá nucleação. A relação entre as taxas de nucleação e crescimento e a concentração das espécies de crescimento é mostrada esquematicamente na **Figura 5.** No entanto, a nucleação ocorre quando a concentração atinge a saturação mínima necessária para gerar a energia livre crítica, e a taxa de nucleação aumenta muito rapidamente à medida que a concentração aumenta. Embora o processo de crescimento não possa prosseguir quando não existe um núcleo, a taxa de crescimento é superior a zero para uma concentração acima da sua solubilidade de equilíbrio. Uma vez que os núcleos são formados, o crescimento ocorre simultaneamente. Acima da concentração mínima, a nucleação e o crescimento são processos inseparáveis; no entanto, estes dois processos ocorrem a velocidades diferentes.

Para a síntese de nanopartículas com distribuição uniforme de tamanhos, o ideal é que todos os núcleos se formem ao mesmo tempo e com o mesmo tamanho. Neste caso, é provável que todos os núcleos tenham o mesmo tamanho ou um tamanho semelhante, uma vez que são formados sob as mesmas condições. Além disso, todos os núcleos terão o mesmo crescimento subsequente. Consequentemente, podem ser obtidas nanopartículas monossimétricas. Assim, é óbvio que é altamente desejável que a nucleação ocorra num período de tempo muito curto. Na prática, para conseguir uma nucleação acentuada, a concentração das espécies de crescimento é aumentada abruptamente até uma supersaturação muito elevada e, em seguida, é rapidamente reduzida para uma concentração inferior à mínima para a nucleação. Abaixo desta concentração, não se formam mais núcleos novos, enquanto os núcleos existentes continuam a crescer até que a concentração da espécie de crescimento se reduza à concentração de equilíbrio.

A distribuição do tamanho das nanopartículas pode ser ainda mais alterada no processo de crescimento subsequente. A distribuição do tamanho dos núcleos iniciais pode aumentar ou diminuir consoante a cinética do processo de crescimento subsequente. A formação de nanopartículas de tamanho uniforme pode ser alcançada se o processo de crescimento for adequadamente controlado.

## *2.3 CRESCIMENTO SUBSEQUENTE DOS NÚCLEOS*

A distribuição do tamanho das nanopartículas depende do processo de crescimento subsequente dos núcleos. O processo de crescimento dos núcleos envolve várias etapas e as principais são (1) geração de espécies de crescimento, (2) difusão das espécies de crescimento do volume para a superfície de crescimento, (3) adsorção das espécies de crescimento na superfície de crescimento e (4) crescimento da superfície através da incorporação irreversível de espécies de crescimento na superfície sólida. Estas etapas podem ainda ser agrupadas em dois processos. O fornecimento de espécies de crescimento à superfície de crescimento é designado por difusão, que inclui a geração, difusão e adsorção de espécies de crescimento na superfície de crescimento, enquanto a incorporação de espécies de crescimento adsorvidas na superfície de crescimento na estrutura sólida é designada por crescimento. Um crescimento limitado por difusão resultaria numa distribuição de tamanho diferente das nanopartículas em comparação com o processo limitado por crescimento.

## *2.4 CRESCIMENTO CONTROLADO POR DIFUSÃO*

A **Figura 6** mostra a representação esquemática da concentração de um componente de liga através da interface sólido/líquido. Quando a concentração de espécies de crescimento se reduz abaixo da concentração mínima para a nucleação, a nucleação pára, enquanto o crescimento continua. Se o processo de crescimento for controlado pela difusão de espécies de crescimento da solução a granel para a superfície da partícula, a taxa de crescimento é dada pela **Equação (10) [6]**:

$$\frac{dr}{dt} = D(C - C_s)\frac{V_m}{r} \tag{10}$$

em que r é o raio do núcleo esférico, D é o coeficiente de difusão das espécies de crescimento, C é a concentração global, $C_s$ é a concentração à superfície das partículas sólidas e $V_m$ é o volume molar dos núcleos, conforme ilustrado na **Figura 6.**

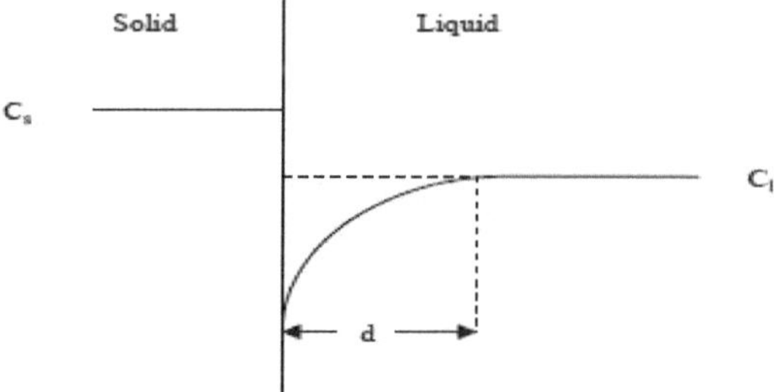


**Figura 2.8** Diagrama esquemático da concentração de um componente de liga ou distribuição de impurezas na interface sólido/líquido, mostrando a formação de uma camada limite de depleção na fase líquida (k>1).

Resolvendo esta equação diferencial e assumindo que o tamanho inicial do núcleo,$r_0$ e a alteração da concentração global são negligenciáveis, podemos obter **as Equações (11) e (12)**.

$$r^2 = 2D(C - C_s)V_m t + r_0{}^2 \quad (11)$$

$$r^2 = k_D t + r_0{}^2 \quad (12)$$

onde $k_D = 2D(C - C_s)V_m$ . Para duas partículas com diferença de raio inicial, $\delta r_0$ a diferença de raio, δr, diminui à medida que o tempo aumenta ou as partículas crescem, de acordo com **as Equações (13) e (14).**

$$\delta r = r_0 \delta r_0 / r \quad (13)$$

$$\delta r = \frac{r_0 \delta r_0}{(k_D t + r_0{}^2)^{\frac{1}{2}}} \quad (14)$$

**As equações (13) e (14)** indicam que a diferença de raio diminui com o aumento do raio nuclear e com o prolongamento do tempo de crescimento. O crescimento controlado por difusão promove a formação de partículas de tamanho uniforme.

## *2.5 CRESCIMENTO CONTROLADO PELO PROCESSO DE SURFAE*

Quando a difusão das espécies de crescimento da massa para a superfície de crescimento é suficientemente rápida, ou seja, a concentração na superfície é a mesma que na massa, como ilustrado por uma linha tracejada também na **Figura 6**, a taxa de crescimento é controlada pelo processo de superfície. Existem dois mecanismos para os processos de superfície: crescimento mononuclear e crescimento polinuclear. No caso do crescimento mononuclear, o crescimento processa-se camada a camada; as espécies de crescimento são incorporadas numa camada e prosseguem para outra camada apenas depois de concluído o crescimento da camada anterior. Há tempo suficiente para que as espécies de crescimento se difundam na superfície. A taxa de crescimento é, portanto, proporcional à área da superfície, conforme representado na **Equação (15).**

$$\frac{dr}{dt} = k_m(C)r^2 \qquad (15)$$

em que $k_m(C)$ é uma constante de proporcionalidade, dependente da concentração das espécies em crescimento. A taxa de crescimento é dada pela resolução da **Equação (15)** acima, obtendo-se **a Equação (16)** da seguinte forma,

$$\frac{1}{r} = \frac{1}{r_0} - k_m t \qquad (16)$$

A diferença de raio aumenta com o aumento do raio dos núcleos e pode ser dada pela **Equação (17)**,

$$\delta r = \frac{r^2 \delta r_0}{{r_0}^2} \qquad (17)$$

Substituindo **a Equação (16)** em **(17)**, obtém-se **a Equação (18)** do seguinte modo

$$\delta r = \frac{\delta r_0}{(1-k_m r_0 t)^2} \qquad (18)$$

onde$k_m r_0 t < 1$. Esta condição de contorno é derivada da **Equação (16)** mostra que o raio do núcleo não é infinitamente grande, ou seja, $r < \infty$. **A Equação (18)** mostra que a diferença de raio aumenta com um tempo de crescimento prolongado. Obviamente, este mecanismo de crescimento não favorece a síntese de partículas monossimétricas.

Durante o crescimento polinuclear, que ocorre quando a concentração superficial é muito elevada, o processo superficial é tão rápido que o crescimento da segunda camada prossegue antes de o crescimento da primeira camada estar completo. A taxa de crescimento das partículas é independente do tamanho da partícula ou do tempo **[78]**, ou seja, a taxa de crescimento pode ser dada pela **Equação (19)**,

$$\frac{dr}{dt} = k_p \qquad (19)$$

Onde $k_p$ é uma constante que depende apenas da temperatura. Assim, as partículas crescem linearmente com o tempo, o que pode ser dado pela **Equação (20)**,

$$r = k_p t + r_0 \qquad (20)$$

A diferença de raio relativo permanece constante independentemente do tempo de crescimento e o tamanho absoluto das partículas pode ser descrito pela **Equação (21)**

$$\delta r = \delta r_0 \qquad (21)$$

Vale a pena notar que, embora a diferença absoluta de raio permaneça inalterada, a diferença relativa de raio seria inversamente proporcional ao raio da partícula e ao tempo de crescimento. À medida que as partículas aumentam de tamanho, a diferença de raio torna-se mais pequena; assim, este mecanismo de crescimento também favorece a síntese de partículas monossimétricas. A ilustração esquemática da diferença de raio em função do tamanho da partícula e do tempo de crescimento para os três mecanismos de crescimento subsequente é apresentada nas **Figuras 7 e 8.**

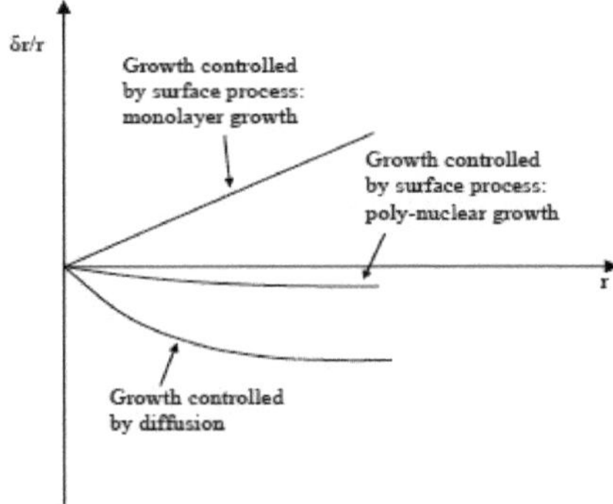


**Figura 7** Ilustra esquematicamente a diferença de raio em função de tamanho de partícula para os três mecanismos de crescimento subsequente discutido acima.

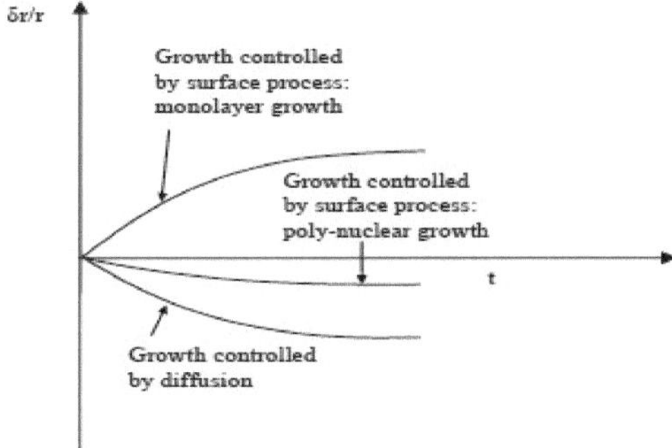


**Figura 8** Ilustra esquematicamente a diferença de raio em função de tempo de crescimento para os três mecanismos de crescimento subsequente discutido acima.

É óbvio que é necessário um mecanismo de crescimento controlado por difusão para a síntese de partículas monossimétricas por nucleação homogénea. Williams et al [5 - 7] sugeriram que o crescimento de nanopartículas envolve os três mecanismos. Quando os núcleos são pequenos, o mecanismo de crescimento monocamada pode dominar, o crescimento polinuclear pode tornar-se predominante à medida que os núcleos se tornam maiores. A difusão é predominante para o crescimento de partículas relativamente grandes. Naturalmente, isto só se verificaria se não fossem aplicados outros procedimentos ou medidas para evitar determinados mecanismos de crescimento.

Diferentes mecanismos de crescimento podem tornar-se predominantes quando se estabelecem condições de crescimento favoráveis. Por exemplo, quando o fornecimento de espécies de crescimento é muito lento devido a uma reação química lenta, o crescimento de núcleos seria muito provavelmente predominante pelo processo controlado por difusão.

Para a formação de nanopartículas monossimétricas, é desejável um crescimento limitado por difusão. Existem várias formas de conseguir um crescimento limitado por difusão. Por exemplo, quando a concentração das espécies em crescimento é mantida extremamente baixa, a distância de difusão seria muito grande e, consequentemente, a difusão poderia tornar-se a etapa limitante. O aumento da viscosidade da solução é outra possibilidade. A introdução de uma barreira de difusão, como uma monocamada na superfície de uma partícula em crescimento, é ainda outra abordagem.

O fornecimento controlado de espécies de crescimento oferece outro método para manipular o processo de crescimento. Quando as espécies de crescimento são geradas através de reacções químicas, a taxa de reação pode ser manipulada através do controlo da concentração do subproduto, do reagente e do catalisador.

## REFERÊNCIAS


[1] A. P. Alivisatos, Science, **271** (1996) 933.

[2] E. Sanville, A. Burnin, J. J. BelBruno, J. of Phys. Chem. A., **110** (2006) 2378.

[3] M. C. Troparevsky, J. R. Chelikowsky, J. of Chem. Phys., **114 (2)** (2001) 943.

[4] A. Puzder, A. J. Williamson, F. Gugi, G. Galli, Phys. Rev. Lett., **92 (21)** (2004) 217401.

[5] R. Williams, P.M. Yocom, e F.S. Stofko, J. Colloid Interf. Sci., **106** (1985) 388.

[6] Alain C. Pierre, Introduction to Sol- Gel Processing, Kluwer, Boston, MA, (1998).

[7] B. E. Yoldas, J. Non. Cryst. Solids, **81** (1980) 38.

# CAPÍTULO 3

## ESCASSEZ DE ENERGIA E NECESSIDADE DE MATERIAIS ÓPTICOS PARA CÉLULAS SOLARES FOTOELECTROQUÍMICAS

## 3.1 ESCASSEZ DE ENERGIA

A atual crise energética obriga-nos a procurar materiais que possam ajudar a compensar o enorme consumo de energia. É bem sabido que os recursos de combustíveis fósseis, como o carvão, o petróleo, a madeira e outros materiais orgânicos, com exceção da energia geotérmica e das marés, estão a esgotar-se rapidamente e que, no virar do século, a humanidade terá de depender de fontes de energia renováveis. Uma vez que o nível de consumo de energia é quase considerado como a medida do crescimento económico e da qualidade de vida. É óbvio que a sobrevivência da humanidade no atual nível de civilização dependerá da disponibilidade de energia suficiente.

A situação atual exige fontes de energia menos poluentes e mais baratas, que possam ser aproveitadas do sol, do vento, dos oceanos, etc. Entre estas fontes, a energia solar é a alternativa mais atractiva. Uma vez que a energia está disponível em grande quantidade (aproximadamente 7 x $10^{17}$ KWh/ano na superfície terrestre), o que representa quase dez mil vezes o consumo mundial de energia por ano. Além disso, não afectará o balanço energético térmico do nosso planeta nem causará qualquer poluição adicional.

Entre as várias formas de recolha de energia solar, a fotovoltaica, a fotoquímica, a fotoelectroquímica, a fototérmica e a fotossintética são algumas das vias mais conhecidas para conseguir a conversão de energia. De todas estas ideias, a conversão da energia solar diretamente em energia química ou eléctrica através da utilização de sistemas fotoelectroquímicos ganhou rapidamente popularidade nos últimos anos. Foram publicados vários artigos de revisão [1-75] no domínio da conversão fotoelectroquímica. Durante quase duas a três décadas, foram envidados muitos esforços no sentido de desenvolver diferentes dispositivos de conversão de energia solar. Mais uma vez, o aparecimento do domínio da fotoelectroquímica criou uma ligação entre os dispositivos fotovoltaicos e os dispositivos electroquímicos e os desenvolvimentos subsequentes, como as células solares fotoelectroquímicas (PEC) e os fotodíodos, serviram para reforçar ainda mais este domínio.

Para além dos dispositivos de conversão da energia solar, existem vários outros dispositivos que convertem uma forma de energia noutra energia eléctrica. Os melhores exemplos de tais dispositivos são os reactores nucleares, os geradores hidrotérmicos, etc. A caraterística básica deste reator é o facto de estar envolvido um grande número de processos térmicos na conversão de energia de uma forma para outra. Além disso, as células solares são os dispositivos que convertem a energia solar em energia eléctrica sem passar por um processo térmico, o que é muito importante do ponto de vista tecnológico e económico.

Na década de 1970, foi sugerida uma estratégia alternativa em que se utilizava uma junção sólido-líquido. Em 1972, Fujishima e Honda [9] utilizaram esta junção para fotoelectrolisar água e assim obter hidrogénio, que é uma forma transportável de energia. Em 1975, Gerischer [7] utilizou esta junção para a conversão direta da energia solar em eletricidade. Nesta dissertação, a utilização da junção sólido-líquido foi feita para retomar a estratégia adoptada por Gerischer, ou seja, a conversão direta da energia solar em eletricidade.

As células solares são geralmente livres de manutenção, portáteis e, por conseguinte, adequadas para áreas remotas. A caraterística importante deste processo de conversão é o facto de não criar qualquer som ou poluição e de poderem ser localizadas no local de utilização, pelo que não é necessária uma rede de apoio adicional, complicada e dispendiosa.

A questão da energia tornou-se um dos problemas mais importantes e preocupantes da sociedade e do mundo modernos. A procura mundial de energia cresceu dramaticamente no último século, em consequência do aumento da industrialização do mundo. É provável que a necessidade de energia cresça ainda mais no século XXI com a melhoria dos padrões de vida em todo o planeta; além disso, o desenvolvimento económico das nações asiáticas, como a China e a Índia, acentuou o problema da procura de energia.

Esta elevada procura de energia, a poluição gerada pelas fontes de energia atualmente utilizadas e o esgotamento dos recursos naturais põem em causa. O petróleo, o gás e o carvão são geralmente designados por combustíveis fósseis. A percentagem da produção de energia proveniente de combustíveis fósseis (petróleo, carvão e gás natural) continua a ser elevada: mais de 70% nos EUA em 2006 e quase 80% em Itália.

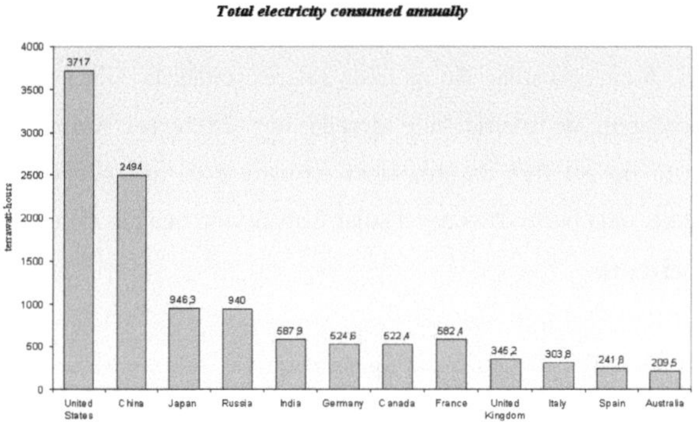


Figura 1: Total de energia consumida anualmente no país mais importante.

A produção de energia eléctrica e calor é conseguida através da combustão de combustíveis fósseis. O dióxido de carbono ($CO_2$) e os compostos de enxofre, como o $SO_{(2)}$, são o produto deste processo. Enquanto o primeiro está relacionado com o efeito de estufa que conduz ao aquecimento global e à subida do nível do mar, o segundo é a causa das chuvas ácidas que prejudicam o ambiente. Além disso, toda a gente sabe que os recursos terrestres de petróleo, carvão e gás natural são limitados e esgotar-se-ão mais cedo ou mais tarde ou num futuro próximo. M. King Hubbert foi o primeiro a prever, em 1956, o Pico do Petróleo, o momento em que se atinge a taxa máxima de extração global de petróleo. Após este pico, a taxa de produção entra em declínio terminal, como mostra a sua famosa curva de Hubbert.

A maior parte das análises indica que o pico de Hubbert a nível mundial seria atingido na segunda década do século XXI, entre 2010 e 2020. Este facto sugere que, dentro de 15 anos, as taxas de produção de petróleo e gás natural começarão a diminuir e o custo aumentará subitamente. Devem ser implementadas novas fontes de energia que não dependam de recursos em vias de esgotamento.

As fontes de energia que utilizam os recursos naturais sem os esgotar e sem efeitos secundários nocivos para o ambiente são designadas por Fontes Renováveis. A energia eólica, a energia da água (hidroeletricidade e muitas outras), a biomassa, a energia geotérmica e a energia solar são os exemplos mais conhecidos. A fonte mais interessante pela sua disponibilidade é o sol. O Sol produz energia há milhares de milhões de anos. A energia solar são os raios solares (radiação solar) que atingem a Terra. A percentagem de eletricidade gerada por diferentes fontes de energia disponível a partir do sol fora da atmosfera terrestre é de aproximadamente 1367 $W/m^2$; obviamente, uma parte da energia solar é absorvida quando esta energia passa pela atmosfera terrestre.

Além disso, em dias claros, a quantidade de energia solar disponível à superfície da Terra na direção do sol é tipicamente de $1kW/m^2$. A elevada potência que atinge todos os dias todas as regiões do nosso planeta faz desta fonte primária a mais interessante das fontes de energia renováveis. Existem duas formas mais importantes de explorar a energia solar: Os sistemas de colectores solares, que permitem aquecer água, ou a conversão direta em energia eléctrica em dispositivos fotovoltaicos. A primeira tecnologia está bastante madura, e já encontra uma grande utilização também no emprego doméstico.

Infelizmente, neste momento, a segunda não consegue produzir energia a um custo tão baixo como as centrais eléctricas convencionais a combustíveis fósseis. A investigação e o desenvolvimento concentram-se e privilegiam a sua atenção na melhoria da eficiência dos dispositivos fotovoltaicos, tornando esta tecnologia mais conveniente, bem como em termos de custo, em relação às que se baseiam em combustíveis fósseis.

## 3.2 AVALIAÇÃO DAS TECNOLOGIAS FOTOVOLTAICAS

As melhores eficiências das células de investigação são apresentadas na figura 2, células solares de silício monocristalino e policristalino. Os dispositivos fotovoltaicos à base de silício são o sistema mais difundido para converter a energia solar em eletricidade: dominam o mercado fotovoltaico em 80 %. No início, as células solares de silício foram desenvolvidas por Chapin, Fuller e Pearson nos Bell Telephone Laboratories, em meados dos anos 50, e já tinham uma eficiência de cerca de 6%, que foi rapidamente aumentada para 10%.

A tecnologia das células solares beneficiou grandemente do elevado nível da tecnologia do silício, desenvolvida inicialmente para os transístores e, mais tarde, para os circuitos integrados. São muitas as técnicas utilizadas para produzir semicondutores sob a forma de cristais simples. Mas cada técnica tem as suas próprias vantagens e desvantagens. Esta técnica também está relacionada com a qualidade e a disponibilidade de silício monocristalino de elevada perfeição.

Nos primeiros anos, apenas os monocristais cultivados em Czochralski (Cz) eram utilizados nas células solares. Este material ainda desempenha um papel importante. O material policristalino sob a forma de fragmentos obtidos a partir de polissilício altamente purificado é colocado num cadinho de quartzo que, por sua vez, se encontra num cadinho de grafite e é fundido sob gases inertes por aquecimento por indução. Um cristal-semente é imerso e retirado lentamente sob rotação.

Em cada imersão do cristal semente na massa fundida, são geradas deslocações no cristal semente, mesmo que este não tenha tido deslocações anteriormente. Para obter um estado livre de deslocações, deve ser cultivado um fino pescoço de cristal com cerca de 3 mm de diâmetro a uma velocidade de crescimento de vários milímetros por minuto.

O estado livre de deslocações é bastante estável e podem ser produzidos grandes diâmetros de cristal, apesar das elevadas tensões de arrefecimento. De acordo com a experiência no domínio do crescimento de materiais semicondutores, na produção em massa/produção em grande quantidade, os cristais crescidos apresentam uma elevada concentração de impurezas, um elevado número de deslocações e são criados mais defeitos. No caso da aplicação de cristais semicondutores como sensores de ondas/radiações electromagnéticas, este tipo de concentrações elevadas de defeitos, bem como a localização específica dos defeitos, são muito úteis.

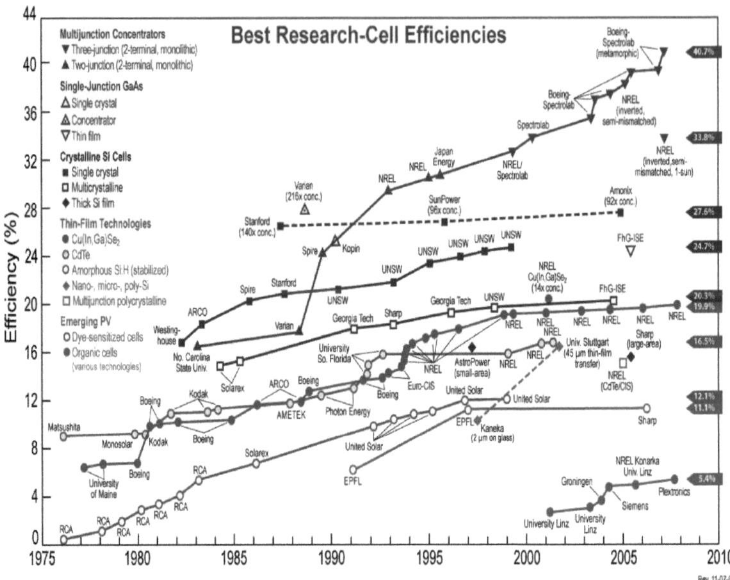


Figura 2. Eficiência versus tempo (em anos) para diferentes formas de materiais semicondutores.

De facto, a eficiência dos painéis solares comerciais de silício cristalino é, na melhor das hipóteses, de cerca de 15%, ao passo que, para uma célula de laboratório, foram medidas eficiências superiores a 24% pelos Professores Martin Green e Stuart Wenham da Universidade de New South Wales (Highest Silicon Solar Cell Efficiency Ever Reached. Science Daily Retrieved January 21). A elevada qualidade do silício produzido atualmente pelas indústrias de semicondutores e as tecnologias bem conhecidas são as razões pelas quais o Si tem dominado o mercado fotovoltaico. O processamento de bolachas de silício cristalino é uma tecnologia de semicondutores de alto nível e, como tal, dispendiosa e de capital intensivo. Os monocristais de silício sintetizados apresentam o nível mais baixo de impurezas à superfície dos cristais.

Isto também aumenta diretamente o custo dos módulos fotovoltaicos, de modo que o custo das bolachas de silício processadas contribui para cinquenta por cento do custo total de fabrico do módulo. A técnica de transporte de vapor também é utilizada na maioria dos casos. Nesta técnica, os materiais são sujeitos a altas temperaturas e, em seguida, os materiais encontram-se em forma vaporizada e, finalmente, o vapor é transferido ou passa de alta pressão para baixa pressão ou, por outras palavras, passa de alta temperatura para baixa temperatura. Isto leva à geração/formação de material em forma de cristal único.

A globalização do mundo surgiu quando os países industrializados começaram a explorar as reservas mundiais de combustíveis fósseis e minerais em busca de uma maior eficiência económica. Há sempre uma procura crescente de uma fonte de energia renovável e económica. Presume-se que os combustíveis fósseis oferecem preços baixos e maior potencial. O carvão, o petróleo e o gás são designados "combustíveis fósseis" porque foram formados a partir de restos fossilizados de plantas e animais pré-históricos. Fornecem cerca de 66% da energia eléctrica mundial e 95% das necessidades energéticas totais do mundo.

Mas a desvantagem básica dos combustíveis fósseis é a poluição. A queima de qualquer combustível fóssil produz dióxido de carbono, que contribui para o "efeito de estufa", contribuindo para o aquecimento global. A realidade económica fundamental dos combustíveis fósseis é que se encontram num número relativamente pequeno de locais em todo o mundo, mas são consumidos em todo o lado. Isto levou a um interesse crescente em fontes de energia renováveis, como a solar, a hidroelétrica e a eólica.

A energia solar é uma das fontes de energia renovável de crescimento mais rápido do mundo, oferecendo um fornecimento potencialmente infinito de produção de energia capaz de satisfazer as necessidades de eletricidade de todo o mundo. O Sol é uma das mais importantes fontes de energia não convencionais. A energia radiativa do Sol deriva de uma reação de fusão nuclear. A intensidade da radiação solar no espaço livre, à distância média da Terra ao Sol, é definida como a constante solar e tem um valor de 1353 $W/m^2$. O mecanismo de conversão direta da luz solar em energia eléctrica é conhecido como efeito fotovoltaico.

Este efeito é demonstrado em dispositivos de estado sólido conhecidos como células solares. Uma célula solar é uma junção p-n que absorve luz, liberta electrões e buracos, criando assim uma tensão. Para aplicações maiores, pode ser utilizado um conjunto de células ligadas em série ou em paralelo, consoante os requisitos. Para serem economicamente competitivas numa comparação com outras fontes, com os combustíveis fósseis convencionais para aplicações terrestres, são necessárias matrizes de células solares com eficiências de conversão superiores a 15%.

O intervalo de energia teórico para uma eficiência máxima das células solares situa-se entre 1,2 e 1,8 eV. Foi demonstrado, com base no espetro solar e nas caraterísticas dos semicondutores, que as eficiências de conversão das células solares de homojunção são máximas a um intervalo de cerca de 1,5 eV. O CdTe, um semicondutor com um intervalo de banda direto de 1,45 eV, é ideal para a conversão de energia solar. Os semicondutores de hiato de banda direto têm coeficientes de absorção elevados, pelo que podem ser utilizados sob a forma de películas finas. Materiais como o CdTe, o CIS e o CdSe são semicondutores de intervalo de banda direta.

As células solares de junção única de CdTe fabricadas a partir de materiais policristalinos demonstraram eficiências superiores a 15 %. As células solares de junção única de CIS apresentam rendimentos de cerca de 18%. Mas é possível obter eficiências mais elevadas, de 20 a 30%, com células solares de duas junções, em que duas junções p-n estão ligadas numa estrutura em tandem. Os intervalos de banda ideais para uma eficiência óptima numa estrutura em tandem são cerca de 1 eV para a célula inferior e 1,7 eV para a célula superior. Uma vez que cerca de dois terços da produção provêm da célula superior numa estrutura em tandem, isto requer uma eficiência da célula superior de 16-18%.

Por conseguinte, as películas de telureto de cádmio e zinco (CZT) com um intervalo de energia de 1,7 eV são adequadas para esta aplicação. O CdTe e o ZnTe, semicondutores de hiato direto com energias de hiato de banda Z à temperatura ambiente de 1,44 e 2,26 eV, respetivamente, formam uma série contínua de soluções sólidas de $Cd_{1-x}Te$ com hiato de banda ajustável em função da composição x. O parâmetro de rede do sistema segue a lei de Vegards.

Este trabalho envolve o processamento e a caraterização de células solares CZT por sublimação a curta distância. O processo de sublimação a curta distância oferece várias vantagens para efeitos de fabrico, tais como a facilidade de aumento de escala, o elevado rendimento e a utilização eficiente do material. As eficiências celulares mais elevadas registadas até à data para células solares CdS/CdTe foram fabricadas por CSS.

Os vários materiais de janela utilizados neste trabalho incluem materiais de grande intervalo de banda como CdS, CdO e ZnSe. Os filmes e os dispositivos foram caracterizados utilizando difração de raios X, transmissão ótica, medições J-V no escuro e à luz e resposta espetral. Foi efectuada uma simulação numérica com base no SCAPS para investigar o efeito de defeitos na massa e na interface.

## 3.3 SEMICONDUTORES E CÉLULAS SOLARES

Uma célula solar é formada por um semicondutor de junção p - n sensível à luz. Cada fotão tem uma energia associada. Os portadores de carga num semicondutor são os buracos e os electrões. Se a energia do fotão incidente no semicondutor for maior ou igual à energia necessária para libertar o eletrão, este contribuirá para a produção da célula solar. Os semicondutores existem tanto na forma elementar como na forma composta e podem ser encontrados em estruturas monocristalinas, policristalinas ou amorfas. Atualmente, o material semicondutor é também utilizado em película fina, apresentando uma produção elevada e um baixo custo de formação em substâncias específicas como ZnO, ITO, MgO e muitas outras substâncias.

O fator de correspondência dos parâmetros da rede pode ser comparado para obter bons resultados e análises. Os átomos dos materiais monocristalinos estão dispostos num padrão/ordem bem definido. Os materiais policristalinos são constituídos por pequenos grãos monocristalinos orientados aleatoriamente, enquanto os materiais amorfos não têm uma estrutura ordenada definida. As propriedades específicas de um semicondutor dependem das impurezas ou dopantes que lhe são adicionados.

Um semicondutor dopado de tal forma que a concentração de portadores de buracos é superior à concentração de portadores de electrões é considerado de tipo p. Um aceitador é uma impureza introduzida no semicondutor para gerar um buraco livre ao aceitar um eletrão do semicondutor. Um semicondutor de tipo n tem uma concentração de portadores de electrões superior à concentração de portadores de buracos. Um dador é uma impureza que é adicionada a um semicondutor para gerar electrões livres através da doação de um eletrão.

O intervalo de energia ($E_g$) é a separação entre a energia da banda de condução mais baixa e a energia da banda de valência mais alta. O nível de Fermi ($E_f$) é definido como o nível de energia em que a probabilidade de ocupação por um eletrão é metade. Para um semicondutor do tipo p, o nível de Fermi está próximo da banda de valência, enquanto que para um semicondutor do tipo n, o nível de Fermi está próximo da banda de condução.

Desde a Antiguidade que o Homem admira os cristais, desde que aprecia a beleza. Os materiais sólidos desempenharam um papel vital no progresso da humanidade. Enquanto o homem das cavernas da Idade da Pedra utilizava pedras afiadas como armas, a Idade do Ferro, mais tarde, anunciou o aparecimento dos materiais como os principais materiais. Nessa altura, as propriedades dos materiais naturalmente disponíveis foram descobertas por tentativa e erro e, em seguida, os materiais foram utilizados de forma rentável. Este método de tentativa e erro deu lugar à escolha e seleção de materiais, uma vez que o homem percebeu que as propriedades podiam ser concebidas e que podiam ser sintetizados materiais com caraterísticas personalizadas.

Atualmente, os cristais são os pilares da tecnologia moderna. Sem cristais não haveria indústria eletrónica, nem indústria fotónica, nem comunicações por fibra ótica, muito pouco equipamento ótico moderno e algumas lacunas muito importantes na engenharia de produção convencional. O progresso no crescimento de cristais e na tecnologia epitaxial é altamente exigido tendo em conta o seu papel essencial para o desenvolvimento de várias áreas importantes como a produção de células fotovoltaicas de alta eficiência e detectores para energias alternativas e medicina e o fabrico de díodos emissores de luz.

Os materiais sólidos podem ser classificados de acordo com uma variedade de critérios. Entre os mais significativos está a descrição de um sólido como sendo cristalino ou amorfo. Há milhares de anos que o homem conhece grandes cristais naturais de uma variedade de sólidos. Exemplos típicos são o quartzo ($SiO_2$), o sal-gema (NaCl), os sulfuretos de metais como o chumbo e o zinco e, claro, as pedras preciosas como o rubi ($Al_2O_3$) e o diamante (C).

Durante muitos séculos, a palavra "cristal" foi aplicada especificamente ao quartzo, baseando-se na palavra grega que implica uma forma semelhante à do gelo. No uso atual, um sólido cristalino é aquele em que o arranjo atómico se repete regularmente e que é suscetível de exibir uma morfologia externa de planos que fazem ângulos caraterísticos entre si, se a amostra em estudo for um único cristal. Quando se comparam dois monocristais do mesmo sólido, verifica-se geralmente que os tamanhos das "faces" dos planos caraterísticos não são da mesma proporção e que o "hábito" varia de cristal para cristal. Por outro lado, os ângulos interfaciais são sempre os mesmos para os cristais de um determinado material.

Muitos dos calcogenetos metálicos, compostos de metais e não metais com S, Se ou Te, são importantes para as novas tecnologias [1]. Estes calcogenetos considerados como materiais de "alta tecnologia" têm muitas aplicações, incluindo as seguintes:

- tribologia (lubrificantes para altas temperaturas)
- semicondutores, películas finas, vidros, fotoresistências, fotomicrografia (eletrónica)
- intercalação de metais alcalinos e outros metais (tecnologia de baterias)
- catálise (desidrosulfuração)
- conversão de energia solar
- metalurgia extractiva (dessulfuração praticada na indústria siderúrgica)
- corrosão em atmosferas contendo enxofre (por exemplo, $H_2S$).

Entre estes calcogenetos metálicos, os compostos binários IV - VI em camadas formados com Ge como catiões e S, Se e Te como aniões formam uma classe muito interessante de semicondutores. No terceiro grupo de compostos IV-VI, o GeS e o GeSe podem ser produzidos nas formas cristalina e amorfa 2[] . Na forma cristalina têm uma estrutura ortorrômbica 3[] e planos de clivagem excecionalmente fáceis (001) perpendiculares ao eixo c [4].

De facto, esta clivagem é tão fácil que se espera que o GeS e o GeSe apresentem uma anisotropia extrema nas suas propriedades vibracionais, ópticas e electrónicas da rede [5] e talvez apresentem algumas caraterísticas dos semicondutores bidimensionais ou do tipo camada [6-10].

Parece, portanto, que o GeS e o GeSe constituem uma excelente oportunidade para investigar as relações entre a estrutura, a ligação e as propriedades electrónicas dos sólidos, sendo possível estabelecer comparações entre eles.

- formas cristalinas e amorfas
- estruturas bidimensionais e tridimensionais
- membros das séries isomorfas GeS, GeSe, SnS e SnSe
- Compostos estruturalmente diferentes GeS, GeTe e GaS.

A estrutura destes materiais em camadas pode ser descrita como um sólido que contém moléculas que, em duas dimensões, se estendem até ao infinito e que são vagamente empilhadas umas sobre as outras para formar cristais tridimensionais. Vários materiais em camadas possuem propriedades semicondutoras favoráveis e têm atraído a atenção como uma nova classe de materiais para células solares.

Foram obtidas eficiências significativas de conversão de energia ótica em eléctrica/química em células fotovoltaicas e fotoelectroquímicas de estado sólido. O potencial desta classe de materiais ainda não foi totalmente explorado, mas parece estar limitado principalmente pela disponibilidade de materiais adequados.

Por conseguinte, têm sido feitas tentativas para produzir cristais e películas finas de boa qualidade dos semicondutores em camadas para aplicações em dispositivos fotoelectrónicos. Várias abordagens, incluindo uma nova extensão da epitaxia por feixe molecular para a preparação de materiais em camadas, estão a ser ativamente estudadas para produzir monocristais e películas finas de alta qualidade. Os calcogenetos metálicos, por outro lado, apresentam propriedades promissoras para a conversão quântica de energia solar:

- O intervalo de banda situa-se normalmente na gama de 1 a 2 eV e, por conseguinte, adapta-se idealmente ao espetro solar,
- A largura das bandas de valência e de condução é de magnitude razoável devido à hibridação bastante forte do metal calcogeneto; consequentemente, as mobilidades dos portadores de carga são suficientemente grandes,
- As constantes de absorção são extraordinariamente elevadas, tipicamente na ordem dos $10^5$ $cm^{-1}$.

Por conseguinte, os dispositivos de conversão de energia fabricados a partir destes materiais podem ser considerados alternativas prometedoras às células solares mais conhecidas.

## 3.4 MODOS DE UTILIZAÇÃO DA ENERGIA SOLAR

Os modos de utilização da energia solar podem ser classificados em duas categorias.

**I.** A utilização direta das radiações solares incidentes na superfície da Terra, conhecida como Métodos diretos.

**II** As radiações que incidem sobre a terra conduzem à energia hídrica, eólica, da biomassa, etc. Esta é, por sua vez, utilizada pela humanidade como métodos indirectos.

Existem vários processos envolvidos na conversão da energia solar, como se pode ver na figura 3. Estes processos dependem da região do espetro de energia solar incidente que está a ser utilizada para realizar o processo.

Por exemplo, se as regiões infravermelhas tiverem sido escolhidas para as aplicações, a energia solar pode ser convertida em energia térmica, enquanto que se as regiões visíveis tiverem sido escolhidas para as aplicações, a energia solar pode ser convertida em energia eléctrica.

A classificação da utilização direta da energia solar foi explicitamente apresentada na Figura 4 e na Figura 5. Esta especifica a gama de comprimentos de onda das radiações incidentes utilizadas no processo de fotoconversão.

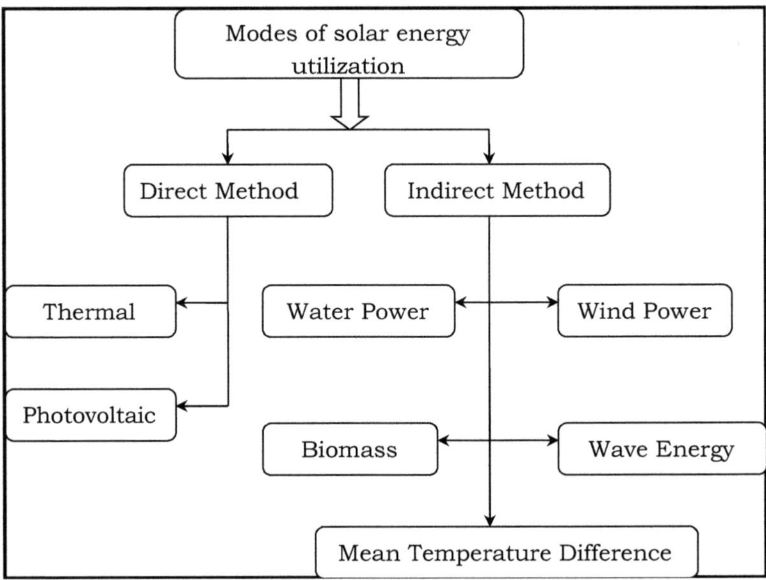


**Figura 3:** Modos de utilização da energia solar

A presente discussão baseia-se nos dispositivos de conversão de energia solar utilizando o conceito de "efeito fotográfico em semicondutores". Os conceitos aqui desenvolvidos serão utilizados posteriormente no estudo da fotorresposta de células solares PEC fabricadas com materiais monocristalinos semicondutores.

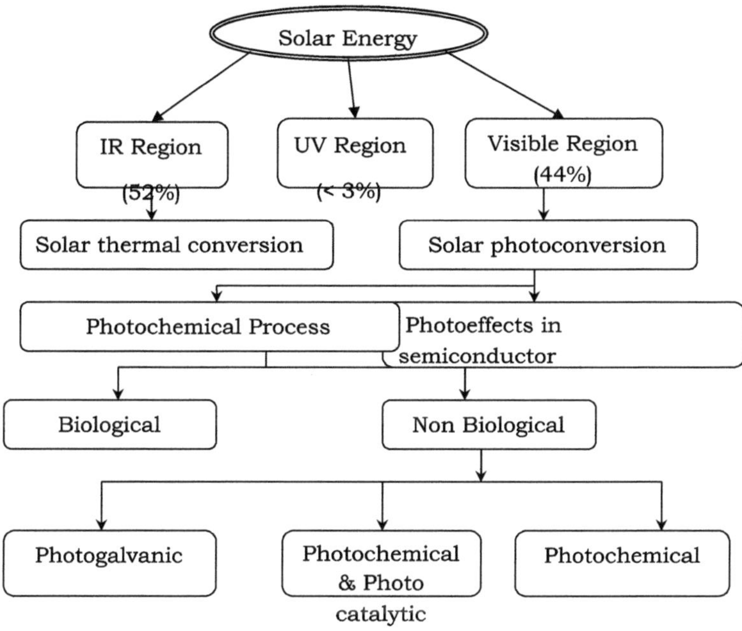


**Figura 4**: Classificação dos processos de conversão de energia solar que utilizam diretamente as radiações solares.

## 3.5 CLASSIFICAÇÃO DOS DISPOSITIVOS DE CONVERSÃO DE ENERGIA SOLAR:

A geração de força eletromotriz ao iluminar uma junção rectificadora é conhecida como efeito fotovoltaico. É bem conhecido o facto de que numa junção rectificadora existe um campo elétrico interno. As células solares dependem do efeito fotovoltaico para o seu funcionamento. Este foi observado pela primeira vez por Becquerel em 1839 para as células electrolíticas e em 1876 para os sistemas de estado sólido [1, 2].

Os diferentes dispositivos de conversão de energia solar são classificados em duas categorias:

1. Células de junção sólido-sólido
2. Células de junção sólido-líquido

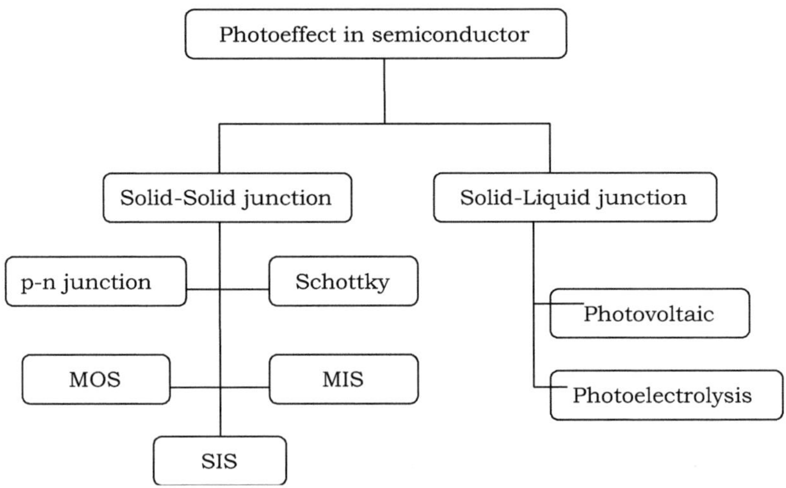


**Figura 5.** Classificação dos dispositivos de conversão de energia solar

Estas células subdividem-se em alguns outros dispositivos que são apresentados na Figura 5. Os dispositivos de junção sólido-sólido são geralmente utilizados, de forma eficaz, pela junção fotossensível, como a junção p-n, a junção Schottky, a estrutura MOS, a estrutura MIS e a estrutura SIS.

Por outro lado, os dispositivos de junção sólido-líquido podem ser células do tipo fotovoltaico ou células de fotoelectrólise, nas quais também pode ser utilizada a interface sólido-líquido. Estes dispositivos são brevemente analisados a seguir.

## 3.6 JUNÇÃO SÓLIDO - SÓLIDO

**(a) Dispositivos de junção p-n**

Uma junção p-n utilizando materiais semicondutores tem sido utilizada como material fotossensível em ambos os lados da interface nas células fotovoltaicas. Aqui a luz pode ser absorvida por ambos os lados do material semicondutor através da junção . O transporte efetivo dos portadores fotogerados ocorre em qualquer direção.

**(b) Dispositivos de junção Schottky**

A interface de retificação do metal semicondutor dá origem aos dispositivos de junção Schottky. Estes dispositivos também podem ser utilizados para aproveitar a energia solar, pelo que são conhecidos como células solares de junção Schottky. As junções Schottky são fabricadas utilizando o contacto retificador entre o metal e o semicondutor. Uma vez que um dos lados da junção é metálico, a absorção da radiação incidente e a consequente fotogeração de portadores de carga ocorrem essencialmente nas regiões semicondutoras.

**(c) Dispositivos de semicondutores de óxido metálico (MOS)**

As junções metal-óxido-semicondutor também podem ser utilizadas no processo de conversão da energia solar. Também aqui, a maior parte da absorção de luz tem lugar no semicondutor, gerando assim os portadores de carga. Assim, a absorção eficiente da radiação incidente pelo semicondutor rege principalmente os mecanismos de fotogeração dos portadores de carga.

**(d) Dispositivos metal-isolador-semicondutor (MIS)**

Os dispositivos metal-isolador-semicondutor são mais ou menos análogos aos dispositivos MOS. Aqui também a fotogeração efectiva dos portadores de carga ocorre no semicondutor e domina o processo global de fotoconversão.

**(e) Dispositivos semicondutores-isoladores-semicondutores (SIS)**

A estrutura Semicondutor-Isolador-Semicondutor (SIS) é também utilizada para a conversão da energia solar em eletricidade. Aqui, o isolador é ensanduichado entre duas regiões semicondutoras e a fotogeração de portadores de carga ocorre principalmente na região semicondutora.

## 3.7 JUNÇÃO SÓLIDO - LÍQUIDO

### (a) Células solares fotoelectroquímicas (PEC)

As células solares fotoelectroquímicas (PEC) pertencem à categoria das células fotovoltaicas. Os pares eletrão-buraco fotogerados são separados pelo campo elétrico interno das células, que antecipa a fotovoltagem ou a fotocorrente. A tecnologia existente é muito bem sucedida na redução do elevado custo e na simplificação do elevado grau de sofisticação no fabrico de células solares de junção p-n. No entanto, o armazenamento da energia solar constitui um problema difícil de resolver no aproveitamento e utilização da energia solar. Actividades recentes revelam que, em vez de se utilizar um dispositivo de junção p-n, a conversão da energia solar pode ser facilmente conseguida através da utilização de células solares PEC, em que o problema do armazenamento da energia solar pode ser ultrapassado.

### (b) Células solares de fotoelectrólise

A interface sólido-líquido utilizada nos dispositivos de estrutura sólido-líquido pode ser utilizada para a eletrólise da água que, consequentemente, gera o hidrogénio e o oxigénio.

Neste caso, a fotogeração de portadores ocorre apenas na região do semicondutor. Enquanto que o eletrólito é suposto ser transparente às radiações solares incidentes.

## 3.8 CLASSIFICAÇÃO DAS CÉLULAS SOLARES FOTOELECTROQUÍMICAS :

Nozik propôs a seguinte classificação para as células solares fotoelectroquímicas [3], como mostra a figura 6. De acordo com esta classificação, todas as células são divididas em

1. Células solares PEC regenerativas, também conhecidas como "células solares de junção líquida" ou "células fotovoltaicas electroquímicas", em que a energia livre de Gibbs (G) da solução electrolítica não varia.

2. Células solares fotoelectrossintéticas, em que a energia de Gibbs da solução electrolítica se altera quando está em funcionamento.

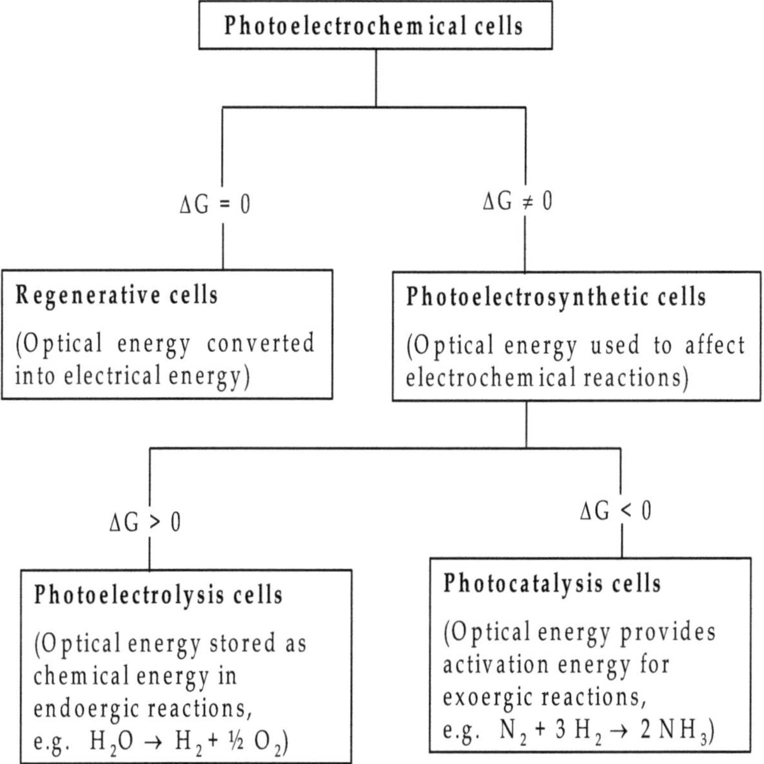


**Figura 6:** Classificação das células fotoelectroquímicas.

### 3.9 comparação entre células solares pec e células solares de junção p-n

Os artigos de investigação [3-75] têm sido escritos no domínio da conversão fotoelectroquímica da energia solar. Na última década, foram também publicados dois monogramas, um sobre células solares PEC [76] e outro sobre fotoelectroquímica e fotovoltaica de semicondutores em camadas [77].

Um artigo de revisão de Pandey et al. [78] centra-se nas perspectivas e perspectivas das células solares fotoelectroquímicas de elevada eficiência de conversão.

A fim de desenvolver os conceitos necessários para o estudo do comportamento das células solares PEC, é apresentada a seguir a descrição de uma junção p-n em relação a uma interface electrolítica semicondutora.

| *células solares de junção p - n* | | *Células solares fotoelectroquímicas* | |
|---|---|---|---|
| | ***Tipo de junção*** | | |
| *(a)* | *p-n* | *(a)* | *p-eletrólito, n-eletrólito* |
| *(b)* | *Sólido-Sólido* | *(b)* | *Sólido-líquido* |
| ***Barreira de potencial na junção*** | | | |
| *(a)* | *Sim* | *(a)* | *Sim* |
| *(b)* | *A barreira forma-se devido à interdifusão de portadores de carga maioritária entre as regiões p e n* | *(b)* | *A barreira é formada devido à transferência de portadores maioritários do semicondutor para o eletrólito* |
| *(c)* | *A queda de potencial ou o encurvamento das bandas nas duas regiões do semicondutor é praticamente igual* | *(c)* | *Grande queda de potencial na camada de carga espacial do semicondutor, apenas uma pequena fração da queda se encontra na região do eletrólito* |
| *(d)* | *Facilita o fluxo do portador maioritário e inibe o fluxo do portador maioritário* | *(d)* | *O mesmo que na junção p-n* |

| *Efeito fotográfico* | | | |
|---|---|---|---|
| *(a)* | *São gerados transportadores em excesso* | *(a)* | *São gerados transportadores em excesso* |
| *(b)* | *A difusão mútua do excesso de portadores minoritários fotogerados nas duas regiões produz fotovoltagem* | *(b)* | *Os portadores minoritários fotogerados em excesso transferem carga com iões do eletrólito para dar fotovoltagem ou conduzir à eletrólise* |

## 3.10 INTERFACE SEMICONDUTOR - ELECTRÓLITO

A transferência de carga através da interface semicondutor-eletrólito, no escuro ou sob iluminação, resulta no fluxo de corrente através da junção dos sólidos condutores electrónicos e dos líquidos condutores iónicos. Este é o conceito principal no funcionamento da célula solar PEC. A análise pormenorizada da interface semicondutor-eletrólito pode ser obtida na revisão de Brattien e Garrett [79, 80].

A concentração de equilíbrio dos portadores e, por conseguinte, o potencial químico, por exemplo, do semicondutor do tipo n e do eletrólito, são originalmente diferentes quando são postos em contacto um com o outro. Como resultado, ocorre a transferência de electrões da banda de condução do semicondutor para as espécies iónicas no eletrólito. Aceitando estes electrões, as espécies iónicas próximas da interface são reduzidas. A reação pode ser dada como

$$[X] + e^{-} \rightarrow [X]^{-}$$

Este processo continua até se atingir o equilíbrio, quando os potenciais químicos do semicondutor e do eletrólito se tornam iguais e não se verifica mais nenhum fluxo de electrões do semicondutor para o eletrólito. Como resultado desta transferência de carga, a região do semicondutor perto da interface fica sem electrões, dando origem a uma camada de carga espacial positivamente carregada.

Correspondendo a esta camada na interface, existe uma bainha de iões de carga negativa no eletrólito, que é conhecida como camada de Helmholtz. A densidade de iões na camada de Helmholtz é elevada e diminui gradualmente à medida que a distância do eletrólito à interface aumenta. Assim, esta camada é, em geral, de natureza difusa e não discreta.

A natureza difusa desta camada deve-se ao facto de a força eletrostática preferencial ser a responsável pela formação da camada de Helmholtz, que diminui com o aumento da distância ao eletrólito a partir da interface. A camada mais densa no interior da bainha de iões no eletrólito é conhecida como a primeira camada de Helmholtz ou simplesmente a

camada de Helmholtz, enquanto os iões na parte difusa formam uma camada exterior ou segunda camada de Helmholtz, normalmente designada por camada de Gouy. Os iões desta camada têm uma certa mobilidade, embora limitada, em comparação com os iões do interior do eletrólito.

No equilíbrio, as bandas de energia do semicondutor são dobradas para cima e os níveis de Fermi do semicondutor e o nível redox do eletrólito alinham-se. A estrutura geral da interface semicondutor-eletrólito do tipo n e o correspondente diagrama de bandas de energia são apresentados na figura 7.

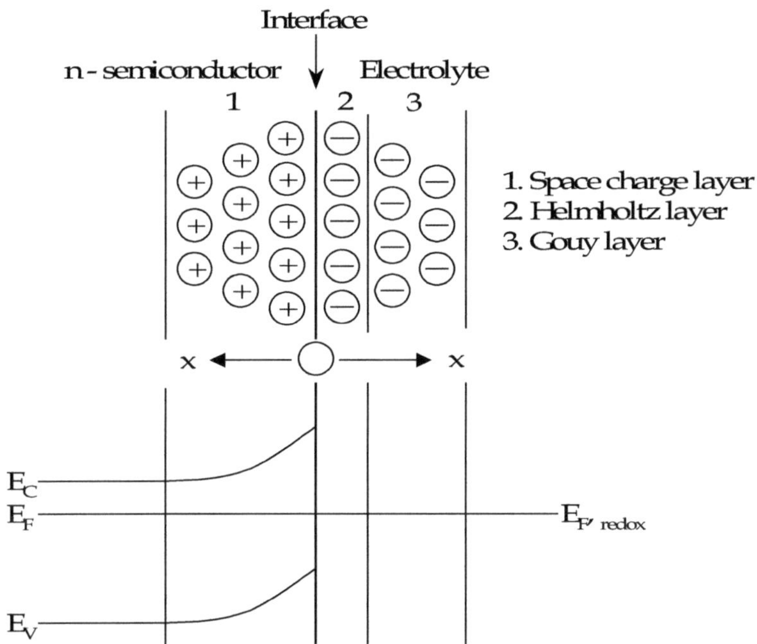


**Figura 7**: Estrutura da interface electrolítica do semicondutor de tipo n e diagrama de bandas de energia correspondente

Assim, a imagem completa da interface electrolítica do semicondutor pode ser resumida como

1. Camada de carga espacial difusa no semicondutor
2. Camada de Helmholtz.
3. Camada iónica difusa (camada de Gouy)

A carga total no lado semicondutor da interface é

$$q_s = q_{sc} + q_{ss} + q_{ads}$$

em que $q_s$ = carga total

$q_{sc}$ = carga na região de carga espacial

$q_{ss}$ = carga devida aos estados de superfície

$q_{ads}$= carga adsorvida

A condição de electroneutralidade exige que

$$q_s = q_{el}$$

em que $q_{el}$ é a carga no eletrólito.

O potencial total da interface, $\phi_{Ga}$ (potencial galvânico) pode ser escrito como

$$\phi_{Ga} = \phi_{sc} + \phi_G + \phi_H + \phi_{ss}$$

em que $\phi_{sc}$ é o potencial através da camada de carga espacial

$\phi_G$ é o potencial através da camada de Gouy

$\phi_H$ é o potencial através da camada de Helmholtz, e

$\phi_{ss}$ é o potencial através dos estados de superfície.

Mas sabemos que, para a continuidade dos vectores eléctricos

$$\varepsilon_s E_s = \varepsilon_H E_H = \varepsilon_G E_G$$

Como $L_D$, $L_H$ e $L_G$ são os comprimentos de Debye nas regiões do semicondutor, de Helmholtz e de Gouy, respetivamente, então

$$E_{sc} = \frac{\phi_{sc}}{L_D}, \quad E_H = \frac{\phi_H}{L_H} \text{ and } E_G = \frac{\phi_G}{L_G}$$

A capacitância diferencial é definida como

$$C_{sc} = \frac{\varepsilon_s \varepsilon_0}{L_D}, \quad C_H = \frac{\varepsilon_H \varepsilon_0}{L_H} \text{ and } C_G = \frac{\varepsilon_G \varepsilon_0}{L_G}$$

O equivalente elétrico mais simples de uma junção semicondutor - eletrólito pode ser considerado como uma combinação em série destes condensadores. A capacitância total é dada por

$$\frac{1}{C}=\frac{1}{C_{sc}}+\frac{1}{C_H}+\frac{1}{C_G}$$

## 3.11 PRINCÍPIO DA CÉLULA SOLAR FOTOELECTROQUÍMICA

As várias etapas envolvidas numa célula PEC fabricada com um semicondutor do tipo n podem ser resumidas da seguinte forma:

(1) Absorção de luz (em carga espacial e em massa)

$e^- + h^+$

(2) Separação eletrão-furo na camada de carga espacial

$$e^-_{sc} \rightarrow e^-_{bulk}$$

$$h^+_{sc} \rightarrow h^+_{surface}$$

(3) Recombinação eletrão-buraco a granel

$e^- + h^+ \rightarrow$ heat (in semiconductor)

(4) Os orifícios da superfície do semicondutor reagem com espécies redox.

$h^+ + (red)_{solv} \rightarrow (ox)_{solv}$

(5) Os orifícios da superfície do semicondutor podem reagir com as próprias bandas do semicondutor semicondutoras

$h^+$ + semicondutor$\rightarrow$ fotodecomposição de semicondutores

Isto tem de ser evitado.

(6) Redução das espécies redox relevantes no contra-elétrodo

$e^- + (ox)_{solv} \rightarrow (red)_{solv}$

A presença das reacções (3), (5) e (6) limita a utilidade dos portadores fotogerados. A minimização dos estados de superfície e a recombinação da camada de carga espacial são caraterísticas adicionais desejáveis para melhorar o comportamento das células solares PEC. A fotoconversão da célula solar PEC prática é afetada pela absorção da energia radiante no eletrólito e pela sua reflexão a partir da superfície do semicondutor.

## 3. 12 REQUISITOS DOS MATERIAIS SEMICONDUTORES UTILIZADOS COMO FOTOELECTRODOS

O fotoelectrodo semicondutor é o coração de uma célula solar PEC. O desempenho global da célula solar PEC depende principalmente do tipo de material escolhido para o fabrico do elétrodo semicondutor e dos seus parâmetros. Para obter um bom desempenho, deve satisfazer os seguintes requisitos

- O coeficiente de absorção ótica do material semicondutor do fotoelectrodo deve ser elevado.
- O intervalo de banda ($E_g$) do material do fotoelectrodo deve ser ótimo, de modo a corresponder à amplitude máxima do espetro solar ($E_g$=1,2 a 1,8 eV).
- Deve ser do tipo de intervalo de banda direta com elevado coeficiente de absorção ótica.
- O comprimento de difusão dos portadores minoritários deve ser tão longo quanto possível.
- A largura da camada de carga espacial deve ser grande.
- O fotoelectrodo deve ser estável no eletrólito e não deve ser corroído durante a iluminação.
- A espessura e a área do fotoelectrodo devem ser suficientemente grandes para absorver toda a radiação incidente.
- A resistência em série $R_s$ deve ser tão pequena quanto possível e a resistência em derivação $R_{sh}$ deve ser suficientemente grande. Idealmente, $R_s$=0 e $R_{sh}$= infinito.
- O custo do processo de fabrico do material e a sua eficiência devem ser aceitáveis.

Para além dos requisitos acima referidos, os parâmetros como, por exemplo, a espessura da película, a dimensão do grão e os limites do grão devem ser controlados para películas finas policristalinas.

## 3.13 PROPRIEDADES DO ELECTRÓLITO

Outro parâmetro importante na célula solar PEC é o eletrólito. Um eletrólito é uma substância líquida que actua como um meio para conduzir eletricidade. O eletrólito é constituído por espécies oxidadas e reduzidas. Estas espécies são espécies iónicas, que ajudam a transferir os buracos fotogénicos do fotoelectrodo para o contra-electrodo.

Os requisitos das propriedades do eletrólito, que a célula solar PEC deve satisfazer, são enumerados a seguir:

- As taxas de transferência de carga devidas ao sistema redox, tanto no semicondutor como no contra elétrodo, devem ser elevadas ou eficazes.
- O eletrólito deve ter uma absorção ótica mínima.
- As espécies oxidadas, as espécies reduzidas e os componentes do solvente devem ter estabilidade fotográfica e térmica em todo o espetro solar utilizável e na gama de temperaturas de funcionamento.
- As espécies oxidadas, as espécies reduzidas e a concentração do eletrólito de suporte no solvente devem ser adequadas para atingir as densidades de corrente necessárias.
- A condutância iónica do eletrólito deve permitir perdas óhmicas negligenciáveis.
- O eletrólito não deve reagir com o elétrodo semicondutor e não deve ser corrosivo para o elétrodo e para o material do recipiente.
- O custo, a toxicidade e o aspeto ambiental devem ser preferencialmente baixos.
-

## - REQUISITOS DO CONTRA-ELÉCTRODO

O contra-elétrodo é a terceira parte da célula solar PEC. Os requisitos do contra-elétrodo para um melhor desempenho da célula solar PEC são os seguintes

- O contra-elétrodo não deve reagir com o eletrólito, ou seja, deve ser quimicamente inerte.
- O contra-elétrodo deve ser eletricamente ativo, ou seja, a transferência de carga entre o contra-elétrodo e as espécies redox no elétrodo deve ser rápida.
- A área do contra-elétrodo deve ser maior do que a do elétrodo semicondutor. Isto melhora a eficiência da recolha e evita a polarização da concentração.
- Quando um contra-elétrodo é imerso no eletrólito, o potencial de meia célula do elétrodo semicondutor deve coincidir com o potencial de meia célula do elétrodo semicondutor.
- O contra-elétrodo deve ter um baixo potencial de sobrecarga para a reação de redução.
- O contra-elétrodo deve ser mais barato, sendo a platina e a grafite os mais utilizados. Muitos materiais de contra-elétrodo podem ser avaliados electroquimicamente.

## REFERÊNCIAS


[1] Martin A. Green, 'solar cells', Prentice hall Inc. Englewood Cliffs. Nova Jersey, EUA (1982) 2.

[2] F. Becquerel, Compt. Rend. Acad. *Sci.* Paris, **9** (1839) 561.

[3] A. J. Nozik, "Photovoltaics and Photoelectrochemical solar energyconversion" Plenum press, Nova Iorque, Londres, (1981) 199.

[4] W. H. Brattain e C. B. Garret, Bull. System Tech. J., **34** (1955a) 129.

[5] R Williams, J. Chem. Phys., **32** (1960) 1505.

[6] V. A. Myamlin e Yu V Pleskov, Electrochemistry of Semiconductors (Academic Press, Nova Iorque) (1967).

[7] H. Gerischer, em "Physical Chemistry - An Advanced Treatise" (Química Física - Um Tratado Avançado)
Ed. H. Eyring, D. Henderson e W. Jost, **IX A** (Academic Press, Nova Iorque) (1970).

[8] P. J. Boddy, J. Eelctrochem. Soc., **115** (1968) 119.

[9] A. Fujishima e K. Honda, Nature, **238** (1972) 37.

[10] H Gerischer, Electroanal. Chem. and Interface Electrochem., **58** (1975) 263.

[11] M. S.Wrighton, A. B. Ellis, P. T.Walczanski, D. L. Morse, H. B. Abrahamson e D S Ginley, J. Am. Chem. Soc., **98** (1976) 2774.

[12] J. G. Mavroides, J. A. Kafalas e D. F. Kalesas, Appl. Phys. Lett., **28** (1976) 241.

[13] J. G. Mavroides, Mater. Res. Bull, **13** (1978) 1379.

[14] T. Watanbe, A. Fujishima e K. Honda, Bull. Chem. Soc. (Japão), **49** (1976) 355.

[15] H. Yoneyama, H. Sakamoto e H. Tamura, Electrochem. Ata, **20** (1975) 341.

[16] A. J. Nozik, Appl. Phys. Lett., **29** (1976) 150.

[17] A.J. Nozik, Appl. Phys. Lett., **30** (1977) 567.

[18] A. J. Nozik, J. Cryst. Growth, **39** (1977) 200.

[19] S. N. Frank e A. J. Bard, J. Am. Chem. Soc., **97** (1975) 7427.

[20] G. Hodes, J. Manassen e D Cohen, Nature, **261** (1976) 403.

[21] B. Miller e A. Heller, Nature, **262** (1976) 680.

[22] A. K. Ghosh e H. P. Maruska, J. Electrochem. Soc., **124** (1977) 1516.

[23] H. Tributsch, Ber. Bunsenges Phys. Chem., **81** (1977) 362.

[24] H. Tributsch., Z. Naturforsch., **32 A** (1977) 972.

[25] H. Gerischer, J. Electroanal. Chem., **82** (1977) 133.

[26] A. J. Bard e M. S. Wrighton, J. Electrochem. Soc., **124** (1977) 1706.

[27] M. S. Wrighton, R. G. Austin, A. B. Bocarsly, J. M. Bolts, O. Hass, K. D. Legg, L. Nadjo e M. C. Polazzotto, J. Am. Chem. Soc., **100** (1978) 1602.

[28] B. A. Parkinson, A. Heller e B. Miller, Appl. Phys. Lett., **33** (1978) 521.

[29] A. Heller, B. A. Parkinson e B. Miller, Proc. 13th IEEE Photovoltaic Specialists Conf., 5-8 de junho, Washington D.C., (1978) 1253.

[30] A. Heller, B. Miller, S. S. Chu e Y. T. Lee, J. Am. Chem. Soc., **101** (1979) 7633.

[31] G. Hodes, Nature, **285** (1980) 29.

[32] A. J. Bard, A. B. Bocarsly, F. F. Fan, E. G. Walton e M.S. Wrighton, J. Am. Chem. Soc., **102** (1980) 3671.

[33] M. S. Wrighton, A. B. Bocarsly, J. M. Bolts, M. G. Bradley, A. B. Fischer, N. S. Lewis, M. C. Polazzotto e E. G. Walton, Adv. Chem. Ser., **184** (1980) 269.

[34] W. Kautek e H. Gerischer, Ber. Bunsenges. Phys. Chem., **84** (1980) 645.

[35] J. A. Turner, J. Manassen e A. J. Nozik, Appl. Phys. Lett., **37** (1980) 488.

[36] A. Heller, B. Miller e F. A. Thiel, Appl. Phys. Lett., **38 (**1981) 282.

[37] A. Heller e R. G. Vadimsky, Phys. Rev. Lett., **46** (1981) 1153.

[38] F. R. F. Fan, H. S. White, B. Wheeler e A. J. Bard, J. Electrochem. Soc., **127** (1980) 518.

[39] S. Chandra, D. P. Singh, P. C. Srivastava e S. N. Sahu, J. Phys. D., **17** (1984) 2125.

[40] G. Prasad e O. N. Srivastava, J. Phys. D. , Appl. Phys., **21** (1988) 1028.

[41] G. Campet, C. Azaiez, F. Levy, H. Bourezc e J. Claverie, Active and Passive Elec. Comp., **13** (1988) 33.

[42] M. K. Agarwal e V. V. Rao, Mat. Sci. Lett., **9** (1990) 1023.

[43] R. Srivastava e V. M. Pathak, J. Mater. Sci. Lett., **9** (1990) 294.

[44] Amita Chandra, R. N. Pandey, O. N. Srivastava e G. Prasad, Semicond. Sci. Technol., **6** (1991) 137.

[45] R. Bourezg, G. Couturier, J. Salardenne, J. P. Doumerc e F. Levy, Phys. Rev. B., **46** (23) (1992) 15411.

[46] D. Mahalu, L. Margulis, A. Wold e R. Tenne, Phys. Rev. B., **45** (4) (1992) 1943.

[47] G. Prasad e O. N. Srivastava, Semicond. Sci. Technol., **8** (1993) 2161.

[48] A. M. Chaparro, P. Salvador, A. Tabernero, R. Navarro, B. Coll e V. Caselles, Surf. Sci., **295** (1993) 457.

[49] Fu Ren, F. Fan e A. J. Bard, J. Phys. Chem, **97** (7) (1993) 1431.

[50] Yolanda Santiago-ortiz, G. I. Torres, America Diaz e C. R. Cabrera, J. Electrochem. Soc., **142** (8) (1995) 2770.

[51] P. Salvador, A. M. Chaparro e A. Mir., J. Phys. Chem., **100** (2) (1996) 760.

[52] D. Tonti, F. Varsano, F. Decker, C. Ballif, M. Regula e M. Remskas, J. Phys. Chem. (B), **101** (1997) 2485.

[53] V. Damodardas e L. Damodare, Surf. And Coatings Technol, **94-95** (1997) 696.

[54] L. P. Deshmukh e G. S. Shahane, Int. J. Electronics, **83** (1997) 341.

[55] E. Gourmelon, O. Lignier, H. Hadouda, G. Couturier, J. C. Bernede, J Tedd, J Pouzet e J Salardenne, Sol. Energy Mater. and Sol. Cells, **46** (1997) 115.

[56] S. Licht, O. Khaselev, T Soga e M Umano, Electrochem. and Solid State Lett., **1** (1) (1998) 20.

[57] C. Jayewardena, K. P. Hewaparakarma, D. L. A. Wijewardana e H. Guruge, Solar Energy Material and Solar Cells, **56** (1998) 29.

[58] E. A. Ponomarev, R. Tenne, A. Katty e C. Levy-Clement, Sol. Energy Mater. and Sol. Cells, **52** (1998) 125.

[59] O Savadogo, Sol. Energy Mater. and Sol. Cells, **52** (1998) 361.

[60] A Klein, Y Tomm, R Schlaf, C Pettenkofer, W Jaegermann, M Lux Steiner e E Bucher, *Sol. Energy Mater. and Sol. Cells,* **51** (1998) 181.

[61] M E Rincon, M Sanchez, A Olea, I Ayala e P K Nair, Sol. Energy Mater. and Sol. Cells, **52** (1998) 399.

[62] K. Buker, S. Fiechter, V. Eyert e H. Tributsch, J. Electrochem. Soc., **146** (1) (1999) 261.

[63] T. Kiesewetter, Y. Tomm, M. Turricon e H. Tributsch, Solar Energy Mater. and Sol. Cells, **59** (1999) 309.

[64] R. K. Pandey, S. Mishra, S. Tiwari, P. Saha e B. P. Chandra, Solar Energy Mater. and Sol. Cells, **60** (2000) 59.

[65] W. Zhang, Z. Yang, J. Liu, L. Zhang, Z. Hui, W Yu, Y. Qian, L. Chen e X. Liu, J. Cryst. Growth, **217** (2000) 157.

[66] V. M. Pathak, R. Srivastava, R. J. Pathak, K. D. Patel, & Roshan

Mathew, Ion conducting materials Narso Publishing house, New Delhi, ISBN 81-7319-401-7 (2001).

[67] Lara D. Pena, R. A. Varagas, H. Correa, Iónica de estado sólido ISSN 0167-2738 , (2004), **175**, pp.451.

[68] A. H. Reshak,e S. Auluck, *Phys . Rev.,* **71**, (2005)155114.

[69] Deepa Makhija, R. J. Pathak, K. D. Patel, V. M. Pathak e R. Srivastava, Prajana journal of pure and applied sciences,**14** (2006) 104.

[70] G.K.Solanki, M.P.Deshpande e M.K. Agrwal, Indian journal of eng. material Sci., **14** (2007)373-380.

[71] Di Wei e Gehan Amara honga, Int. J. Electrochem. Sci., **2** (2007) 891.

[72] D.N.Gujarati, G.K.Solanki, M.P.deshpande e M.K.Agrawal Materials letters, **61**, Edição 16 (2007) 3511.

[73] Células solares fotoelectroquímicas por S Chandra, Gordon and Breach Science Publishers, Nova Iorque e Londres, (1985).

[74] Photoelectrochemistry and Photovoltaics of Layered Semiconductors. Ed. por A. Aruchamy, Kluwer, Academic Publishers Dordrecht-Holland/Boston, U.S.A., (1992).

[75] R. N. Pandey, K. S. C. Babu e O. N. Srivastava, Prog. Surf. Sci. (UK), **52** (3) (1996) 125.

[76] W. H. Brattain e C. C. B. Garret, Bull. System Tech. J., **34** (1955a) 129.

[77] W. H. Brattain e C. C. B. Garret, Bull. System Tech. J., **32** (1955b) 1.

[78] P. Allen e A. Hickling, Trans. Faraday Soc., **53** (1975) 1926.

# CAPÍTULO - 4

# PROPRIEDADES ÓPTICAS DE NANOPARTICULAS DE SnSe PURO E DOPADO COM COBRE

## 4.1 INTRODUÇÃO

Os nanomateriais são as pedras angulares da nanociência e da nanotecnologia. Muitas tecnologias modernas avançaram ao ponto de a dimensão das caraterísticas relevantes ser da ordem de algumas a algumas centenas de nm. Um exemplo clássico são os chips de computador com caraterísticas-chave que atingem atualmente a escala de comprimento <50 nm. A procura de caraterísticas de menor dimensão está a aumentar a um ritmo cada vez mais rápido. A nível fundamental, há uma necessidade urgente de compreender melhor as propriedades dos materiais à escala nanométrica. Com efeito, para utilizar os materiais no fabrico de dispositivos ou em qualquer ponto de vista de aplicação tecnológica, a preparação e a caraterização são muito importantes.

Por conseguinte, na frente tecnológica, existe uma forte procura de novas técnicas para fabricar e medir as propriedades dos nanomateriais e dispositivos conexos. Felizmente, na última década, registaram-se avanços significativos em ambas as frentes. Foi demonstrado que os materiais à escala nanométrica ou sob a forma de nanopartículas têm propriedades físicas e ópticas únicas em comparação com os seus homólogos a granel e que estas propriedades são altamente promissoras para uma variedade de aplicações tecnológicas.

Os nanoclusters de semicondutores no regime de tamanho estreito de 5-50 nm têm atraído muita atenção devido às suas propriedades optoelectrónicas invulgares dependentes do tamanho, que surgem devido ao efeito de confinamento quântico. Em capítulos anteriores, foi provado, a partir da técnica de difração de raios X e da fotografia TEM, que as amostras de nanopartículas de SnSe sintetizadas, puras e dopadas com cobre, apresentam um tamanho de cristalito ou de partícula entre 4 e 45 nm.

Um dos aspectos mais fascinantes e úteis dos nanomateriais são as suas propriedades ópticas. As aplicações baseadas nas propriedades ópticas dos nanomateriais incluem o detetor ótico, o laser, o sensor, a imagiologia, o fósforo, o ecrã, a célula solar, a fotocatálise, a fotoelectroquímica e a biomedicina. Muitos dos princípios subjacentes são semelhantes nestas diferentes aplicações tecnológicas que abrangem uma variedade de disciplinas tradicionais, incluindo a química, a física, a biologia, a medicina, a ciência e engenharia dos materiais e a ciência e engenharia eléctrica e informática.

O potencial tecnológico dos pontos quânticos semicondutores na fotocatálise, na conversão de energia solar, em dispositivos ópticos não lineares [1], em dispositivos informáticos [2] e num dispositivo de tunelamento de um único eletrão com caraterísticas controláveis do intervalo de junção [3] foi reconhecido. Este facto tornou necessário o desenvolvimento de novas vias de síntese para a preparação de vários tipos de semicondutores compostos IV - VI nanoestruturados, tais como nanopartículas [2, 4], nanofios [5], matrizes de nanofios [6], super-redes de pontos quânticos [7] e super-redes orgânicas de semicondutores [8]. Uma variedade de métodos químicos desenvolvidos utilizam surfactantes e agentes de cobertura. Mas aqui o autor sintetizou estas nanopartículas sem quaisquer agentes de cobertura em água duplamente destilada.

O estudo das propriedades ópticas destes semicondutores (a granel ou sob a forma de nanopartículas) permite uma boa compreensão das suas propriedades electrónicas e estruturas de bandas. Os intervalos de bandas ópticas dos materiais semicondutores desempenham um papel importante na decisão das propriedades fotoeléctricas dos dispositivos optoelectrónicos. Assim, é sempre interessante investigar a natureza do transporte de portadores num material semicondutor através do estudo das propriedades ópticas. É essencial que os investigadores em vários domínios da ciência e da engenharia tenham uma compreensão básica das propriedades ópticas fundamentais e das técnicas espectroscópicas relacionadas. As propriedades ópticas dos nanomateriais dependem de parâmetros como a dimensão, a forma, as caraterísticas da superfície e outras variáveis, incluindo a dopagem e a interação com o ambiente circundante ou outras nanoestruturas. O exemplo mais simples é a conhecida deslocação para o azul dos espectros de absorção e de fotoluminescência das nanopartículas semicondutoras com a diminuição do tamanho das partículas, em especial quando o tamanho é suficientemente pequeno [9 - 13].

No presente capítulo, o intervalo de energia das nanopartículas de SnSe sintetizadas é superior ao intervalo de energia do composto SnSe a granel. Esta estimativa do tamanho das partículas também foi explicada a partir de outras caracterizações. Para os semicondutores, o tamanho é um parâmetro crítico que afecta as propriedades ópticas. Do mesmo modo, a forma pode ter uma influência dramática nas propriedades ópticas das nanoestruturas metálicas. Como se pode ver, através do simples controlo das dimensões físicas, é possível gerar nanoestruturas de ouro com absorção que abrange todas as regiões do visível e do infravermelho próximo do espetro ótico.

A dopagem é uma forma eficaz e útil de alterar as propriedades ópticas, electrónicas e magnéticas dos nanomateriais, em especial dos semicondutores, e os exemplos acima referidos mostram as propriedades ópticas ricas e fascinantes que os nanomateriais podem apresentar. De facto, as novas propriedades ópticas manifestam-se à escala nanométrica nos metais, semicondutores e isoladores. Para além dos interesses fundamentais, as propriedades ópticas dos nanomateriais contam-se entre as propriedades mais exploradas e úteis para aplicações tecnológicas, que vão desde a deteção e deteção, imagem ótica, conversão da energia luminosa, proteção ambiental, biomedicina, segurança alimentar, segurança e optoelectrónica. Por exemplo, muitos sensores químicos e bioquímicos e sistemas de deteção tiram partido das propriedades ópticas únicas dos nanomateriais.

Para compreender a natureza dos semicondutores é necessário considerar o que acontece quando átomos semelhantes se juntam para formar um sólido, como um cristal. Quando dois átomos semelhantes se aproximam um do outro, as funções de onda dos seus electrões começam a sobrepor-se. A distribuição de energia dos estados depende fortemente da distância interatómica. É a extensão do intervalo de energia e a disponibilidade relativa dos electrões que determinam se um sólido é um metal, um semicondutor ou um isolante. Num semicondutor, o intervalo de energia é geralmente inferior a cerca de 3 eV e a densidade de electrões na banda superior é geralmente inferior a $10^{20}$ $cm^{-3}$.

Uma vez que a distância interatómica num cristal não é isotrópica, mas varia com a direção cristalográfica, é de esperar que esta variação direcional afecte a formação de bandas de estados. Assim, embora o intervalo de energia, que caracteriza um semicondutor, tenha o mesmo valor mínimo em cada célula unitária, a sua topografia dentro de cada célula unitária pode ser extremamente complexa. Nos semicondutores compostos, um desvio da estequiometria gera dadores ou aceitadores, consoante se trate do catião ou do anião em excesso. No entanto, foi demonstrado que não é o ião em excesso, mas sim a vacância, que determina se o material é do tipo n ou do tipo p [14].

Nos últimos anos, as nanopartículas semicondutoras têm atraído grande atenção devido às suas novas propriedades ópticas e potenciais aplicações. Os semicondutores nanocristalinos comportam-se de forma diferente dos semicondutores a granel. A estrutura de banda e o intervalo de banda alteram-se devido à diminuição do tamanho das partículas, o intervalo de banda aumenta com os bordos da banda divididos em níveis de energia discretos. Nas presentes investigações, o autor relata as propriedades ópticas de nanopartículas de SnSe puras e dopadas com cobre sintetizadas pela técnica de solução aquosa.

As nanopartículas semicondutoras continuam a ser alvo de grande atenção devido às suas propriedades ópticas e electrónicas únicas, que não estão presentes nos materiais a granel e que dependem de uma série de propriedades do material, como o tamanho, a forma e a composição. Estas propriedades ópticas e electrónicas surgem devido ao confinamento quântico resultante da dimensão nanométrica da partícula [15 - 21]. A origem das novas propriedades ópticas e electrónicas não está relacionada com a sua estrutura cristalina. As estruturas das nanopartículas e dos materiais a granel correspondentes parecem ser as mesmas.

A partir da caraterização estrutural, os resultados mostram que os parâmetros da célula unitária das nanopartículas de SnSe sintetizadas, puras e dopadas com cobre, são quase semelhantes aos valores anteriormente relatados para a forma cristalina de SnSe. A dependência do tamanho do intervalo de banda é o aspeto mais identificado do confinamento quântico em semicondutores; o intervalo de banda aumenta à medida que o tamanho das partículas diminui. Um campo extremamente ativo e prolífico nos nanomateriais consiste em encontrar formas de controlar o tamanho e a morfologia das nanopartículas, uma vez que as propriedades e aplicações das nanopartículas dependem em grande medida do seu tamanho e morfologia.

A partir da técnica de espetroscopia de absorção UV - VIS - NIR, todas as nanopartículas sintetizadas foram estudadas. A partir daí, o intervalo de energia direta, a reflectância, a absorvância, a transmitância, o coeficiente de extinção, o índice de refração, a parte real e imaginária da constante dieléctrica, a perda dieléctrica tan d e a condutividade ótica foram apresentados em função do comprimento de onda ou da energia da radiação incidente.

Depois de analisar a variação espetral de todos estes parâmetros ópticos, o autor também determinou outros parâmetros, ou seja, $E_0$, $E_d$, $M_{-1}$ e $M_{-3}$. Aqui tenta-se investigar o efeito da temperatura de síntese em nanopartículas de SnSe puras e o efeito da concentração de cobre em nanopartículas de SnSe dopadas com cobre, nos parâmetros ópticos mencionados.

## 4.2 EXPERIMENTAL PARA UV - VIS - NIR ESPECTROFOTÓMETRO

Todas as amostras de nanopartículas foram sintetizadas através da técnica de solução aquosa, tal como explicado no capítulo anterior. Os dados de absorção ótica foram obtidos por meio de um espetrofotómetro UV VIS NIR (Marca: Perkin Elmer, Modelo: Lamda -19).

O espetrofotómetro UV-VIS-NIR (marca: Perkin Elmer, modelo: Lambda - 19), como se mostra na Figura 4.1, foi utilizado para a análise de vários compostos, a fim de determinar o valor da absorvância e os máximos de comprimento de onda na região UV-VIS-NIR. Na investigação e desenvolvimento, podem ser explicadas as propriedades ópticas de novos compostos sintetizados, produtos químicos, corantes, propriedades ópticas de películas finas, espessura e vários tipos de filtros, etc.

O acessório "Integrating Sphere" com o espetrómetro Lambda-19 ajuda a analisar amostras em modo de reflectância. Este acessório ajuda a analisar amostras como tecidos, espuma, películas, produtos de coloração e corantes, etc. O instrumento também é útil para estudar o comportamento cinético da reação química em função do tempo. Também pode ser utilizado para várias amostras biológicas e estudos de reação.

O instrumento é constituído por um cromador monocromático de feixe duplo com registo da razão do espetrómetro UV VIS com eletrónica de microcomputador, controlado por computador pessoal. A Tabela 4.1 mostra as especificações do espetrofotómetro UV VIS NIR utilizado nas presentes investigações para a caraterização ótica de todas as nanopartículas de SnSe puras e dopadas com cobre.

A figura 4.2 mostra o caminho seguido por um único raio dentro do feixe de radiação. O feixe é refletido do espelho de condensação (A) para o espelho de entrada da fenda (B), que o dirige para o cortador (C). O feixe cortado passa através da fenda de entrada ajustável (D) e entra no monocromador. O feixe é refletido pelo espelho de colimação (E) em raios paralelos através de um prisma refletor de quartzo (F), que dispersa o feixe no seu espetro de comprimentos de onda sucessivos.

A superfície posterior do prisma é aluminizada, de modo a que o feixe seja refletido através do prisma e disperso à medida que emerge. A rotação do prisma em relação ao espelho de colimação altera o ângulo de incidência e permite a seleção de um determinado grupo de comprimentos de onda que constituem uma banda espetral. Esta banda de radiação é dirigida de novo para o espelho de colimação, que foca a imagem da fenda de entrada na fenda de saída (G). Ao passar do monocromador, a energia radiante é dirigida pela lente (H) para o sistema ótico de feixe duplo no compartimento da amostra.

O instrumento Beckman modelo DK - A é um espetrofotómetro de registo da razão de feixe duplo, ou seja, as energias radiantes transmitidas pelos feixes de referência e de amostra (J e M) são comparadas e a razão entre a energia da amostra e a energia de referência é registada como percentagem de transmissão. O sistema ótico de feixe duplo é constituído por dois espelhos rotativos semi-circulares sincronizados (I e N) e dois espelhos fixos (L e K) no compartimento das amostras. Os espelhos rotativos desviam e fazem passar a energia radiante de modo a que esta seja dirigida alternadamente para as células de amostra e de referência quinze (ou 12,5) vezes por segundo. A energia transmitida pelas células de amostragem e de referência é focada pelo espelho seletor do detetor (O) para o detetor.

A deteção da energia radiante transmitida requer dois detectores para cobrir toda a gama de comprimentos de onda do instrumento. Um deles - a célula de sulfureto de chumbo (P) - responde na região compreendida entre 400 e 3500 nm. Para as medições na gama de comprimentos de onda inferiores a 700 nm, é utilizado um tubo fotomultiplicador (Q).

## 4.3 DETERMINAÇÃO DO INTERVALO DE BANDA ÓPTICA

O coeficiente de absorção $\alpha$ é proporcional para transições diretas [22], como indicado na Equação (1).

$$\alpha h v = A\left(hv - E_g\right)^{r} \quad (1)$$

Aqui, $\alpha$ é o coeficiente de absorção, $hv$ a energia do fotão incidente $E_g$ a energia para a transição direta. $A$ é um parâmetro que depende da temperatura de forma complicada. Nestes casos, a densidade de estados é uma constante independente da energia e as expressões que mostram a dependência de $\alpha$ em termos de transições diretas são modificadas [23] como para a transição direta, como se segue na Equação (2) [24-26].

$$\alpha = A'\left(hv - E_g\right)^{r} \quad (2)$$

Para analisar os resultados destes espectros na vizinhança do bordo de absorção, foram determinados os valores do coeficiente de absorção $\alpha$ em cada intervalo de 1 nm.

Os valores do intervalo de banda direta $E_g$ obtidos a partir da intersecção da porção linear para as nanopartículas de SnSe puro sintetizadas a 200,

300 e 400 °C na Figura 4.4 (a), (b) e (c), respetivamente. Os valores determinados foram tabulados na Tabela 2.

Os valores do intervalo de banda direta $E_g$ obtidos a partir da intersecção da porção linear para as nanopartículas de SnSe dopadas com cobre sintetizadas a 0,001, 0,01 e 0,1 de concentração de cobre na Figura 4.15 (a), (b) e (c), respetivamente.

Utilizando os espectros de absorção, os coeficientes de transmissão e reflexão foram calculados pelas Equações (3) e (4).

$$\%T = 100 / 10^A \quad (3)$$

$$R = 1 - (T + A) \quad (4)$$

onde os símbolos têm o seu significado habitual.

Além disso, a refletividade, as constantes ópticas como o coeficiente de extinção (k) e o índice de refração (n) dos cristais a um determinado comprimento de onda constante estão relacionados através das seguintes Equações (6.5) e (6) [27].

$$k = \frac{\alpha\lambda}{4\pi} \quad (5)$$

$$R = \frac{(n-1)^2 + k^2}{(n+1)^2 + k^2} \quad (6)$$

Utilizando estas relações, os valores de k e n foram calculados para diferentes comprimentos de onda/frequências de incidência a partir de medições de T e R.

Por outro lado, a dependência da frequência ou da energia das partes real$\varepsilon_r$ e imaginária$\varepsilon_i$ das constantes dieléctricas complexas está relacionada com k e n, que foram determinados através das seguintes Equações (7) e (8),

$$\varepsilon_r = n^2 - k^2 \quad (7)$$

$$\varepsilon_r = 2nk \quad (8)$$

em que$\varepsilon_r$ (parte real) é a constante dieléctrica e$\varepsilon_i$ (parte imaginária) é o fator de perda dieléctrica.

Em física, o fator de dissipação é uma medida da taxa de perda de energia de um modo mecânico, como uma oscilação num sistema dissipativo. Por exemplo, a energia eléctrica perde-se em todos os materiais dieléctricos, geralmente sob a forma de calor. O fator de dissipação pode ser calculado de acordo com a seguinte relação ou Equação (9).

$$\tan\delta = \frac{\varepsilon_i}{\varepsilon_r} \qquad (9)$$

A variação do fator de dissipação das nanopartículas de SnSe dopadas com cobre e puras com o aumento da energia dos fotões.

## 4.4 FUNÇÃO DE CAUCHY - SELLMAIER

Curiosamente, para energias de fotões inferiores ao intervalo de energia ($E < E_g$), que é tipicamente na gama de 1,50 a 3,05 eV para todas as nanopartículas de SnSe puras sintetizadas a diferentes temperaturas de síntese e 1,03 a 1,85 eV para todas as nanopartículas de SnSe dopadas com cobre em diferentes níveis de concentração de dopagem de cobre, representando a cauda de Urbach [28]. A variação espetral do índice de refração pode ser expressa pela função de Cauchy - Sellmaier [27] expandida em potências pares de E. A primeira aproximação desta função dá a Equação (10).

$$n(E) = n_0 + a_1 E^2 \qquad (10)$$

em que $n_0$ e $a_1$ são constantes não nulas. O melhor ajuste de n em relação a $E^2$ na gama transparente de E fornece os valores destas constantes.

## 4.5 MODELO DE OSCILADOR ÚNICO EFECTIVO

O nosso resultado de dispersão do índice de refração abaixo do limite de absorção interbanda corresponde ao espetro fundamental de excitação eletrónica. Wimple e Di Domenico utilizam uma descrição de oscilador único da constante dieléctrica dependente da frequência para definir os parâmetros de energia de dispersão $E_d$ e $E_0$. A dispersão desempenha um papel importante na investigação de materiais ópticos, porque é um fator significativo na comunicação ótica e na conceção de dispositivos para a dispersão espetral. Embora estas regras sejam bastante diferentes em pormenor, uma caraterística comum é a evidência esmagadora que pode ser descrita de forma simples [30, 31]. Wimple e Di Domenico analisaram mais de 100 sólidos e líquidos muito diferentes utilizando um único ajuste de oscilador efetivo da seguinte forma [32, 33], ou seja, a Equação (11).

$$\varepsilon_r = 1 + \frac{F}{(E_0{}^2 - E^2)} \qquad (11)$$

em que os dois parâmetros $E_0$ e F têm uma relação direta com a intensidade do dipolo elétrico e as correspondentes frequências de transição de todos os osciladores.

Através de uma combinação especial destes parâmetros, tal como definido por Wemple e Di Domenico [31], definiu-se um parâmetro $E_d$ como mencionado na Equação (6.12) e na Equação (6.13)

$$E_d = \frac{F}{E_0} \qquad (12)$$

$$\varepsilon_r(E) = n^2(E) = 1 + \frac{E_d E_0}{E_0{}^2 - E^2} \qquad (13)$$

Em que $E_0$ e $E_d$ são constantes de oscilador único, $E_0$ é a energia do oscilador de dispersão efetivo, $E_d$. É a chamada energia de dispersão, que mede a intensidade média das transições ópticas interbanda. A energia do oscilador $E_0$ é uma média do intervalo de banda ótica e pode ser obtida a partir deste modelo. Para a verificação experimental da Equação (12) e da Equação (13) acima referidas, é possível obter um gráfico de $(n^2 - 1)^{-1}$ versus $(hv)^2$, tal como ilustrado na Figura, para nanopartículas de SnSe puras e dopadas com cobre sintetizadas. Estes gráficos produzem uma linha reta para um comportamento normal com um declive $(E_0E_d)^{-1}$ e a interceção com o eixo vertical igual a $E_0/E_d$. Os valores de $E_0$ e $E_d$, parâmetros de dispersão, foram obtidos e apresentados na Tabela 2 e na Tabela 4 para todas as nanopartículas de SnSe puras e dopadas com cobre sintetizadas pela técnica de solução aquosa em água bidestilada. Por vezes, o gráfico obtido mostra um desvio negativo da linearidade. Por vezes, observa-se um desvio negativo da curvatura em comprimentos de onda mais curtos devido à proximidade do limite da banda ou da absorção extónica [30, 31, 34].

O efeito de todos estes parâmetros na temperatura de síntese, bem como o nível de concentração de dopagem para todas as nanopartículas de SnSe puras e dopadas com cobre, foi discutido em pormenor mais adiante nesta secção.

Com base no modelo de oscilador único efetivo [35], os parâmetros $E_0$ e $E_d$ estão ligados à parte imaginária da constante dieléctrica complexa e aos momentos $M_{-1}$ e $M_{-3}$ do espetro ótico $\varepsilon(E)$ através das relações, ou seja, Equação (14) e Equação (15).

$$E_0^2 = \frac{M_{-1}}{M_{-3}} \tag{14}$$

$$E_d^2 = \frac{M_{-1}^3}{M_{-3}} \tag{15}$$

em que o momento $r^{th}$ do espetro ótico é dado pela Equação (16).

$$M_r = \frac{2}{\pi} \int_{E_i}^{\alpha} \varepsilon^r \, \varepsilon_i \, (E) \, dE \tag{16}$$

Aqui $E_t$ é a energia do limiar de absorção. A Tabela 2 e a Tabela 4 também apresentam os valores dos parâmetros calculados do oscilador efetivo único $E_0$, $E_d$, $M_{-1}$ e $M_{-3}$ determinados para as nanopartículas de SnSe puras e dopadas com cobre, tal como sintetizadas.

## 4.6 REGRA DE URBACH

Além disso, o coeficiente de absorção está exponencialmente relacionado com a temperatura da amostra T′, dada pela Equação (17) [33].

$$\alpha = \alpha_0 e^{\left[\frac{\sigma}{kT}(h\nu - h\nu_0)\right]} \tag{17}$$

A constante dependente do material e, conhecida como parâmetro de inclinação, é um parâmetro dependente da temperatura (T′) que caracteriza o alargamento do bordo de absorção devido a interações eletrão-fão e/ou . A temperatura constante (ambiente), o gráfico que representa o eixo x na gama da cauda de Urbach produz uma linha reta. As figuras mostram esta variação típica para todas as nanopartículas de SnSe puras e dopadas com cobre.

O coeficiente de absorção perto do limite da banda mostra uma dependência exponencial com a energia do fotão [36], ou seja, a Equação (17) acima pode ser apresentada da seguinte forma: Equação (18).

$$\alpha = \alpha_0 exp^{\left(\frac{h\nu}{E_U}\right)} \tag{18}$$

Onde a energia de Urbach $E_U$ pode ser determinada a partir do declive da Figura A e da Figura B obtidas a partir de nanopartículas de SnSe puras e dopadas com cobre, utilizando a seguinte relação, ou seja, a Equação (19),

$$E_U = \left(\frac{d\ \ln(\alpha)}{d(h\nu)}\right)^{-1} \tag{19}$$

A Tabela 2 e a Tabela 4 também representam a energia de Urbach ($E_U$) para as nanopartículas sintetizadas para todas as nanopartículas de SnSe puras e dopadas com cobre.

## 4.7 APROXIMAÇÃO DA MASSA EFECTIVA PARA MEDIÇÕES DA DIMENSÃO DAS PARTÍCULAS

Foram propostos na literatura vários modelos teóricos, com o objetivo de obter uma concordância quantitativa entre a dependência prevista do intervalo de energia do tamanho do cristal (R) e os dados experimentais para uma grande variedade de semicondutores (com valores de intervalo de banda a granel dentro de uma vasta gama). O modelo teórico mais utilizado para a análise dos dados experimentais relativos às dependências do intervalo de energia $E_g(R)$ é o modelo de Brus (ou seja, a aproximação da massa efectiva) [37, 38, 39, 40]. De acordo com o modelo de aproximação da massa efectiva, o "band gap" das nanopartículas semicondutoras (consideradas como uma esfera de raio R) é dado pela Equação (20).

$$E_g(R) = E_{g,bulk} + \frac{h^2}{8m_0R^2}\left(\frac{1}{m_e^*} + \frac{1}{m_h^*}\right) - \frac{1.8\, e^2}{R\varepsilon_0\varepsilon_r} - 0.248\, \frac{4\pi^2 e^4 m_0}{2\,(4\pi\varepsilon_0\varepsilon_r)^2 h^2\left(\frac{1}{m_e^*} + \frac{1}{m_h^*}\right)}$$

(20)

Em que$E_{g,bulk}$ é o valor do hiato da banda a granel, h a constante de plank, $m_0$ a massa do eletrão, enquanto $m_e{}^* \; and \, m_h{}^*$ é a massa efectiva relativa do orifício, respetivamente, e a carga do eletrão,$\varepsilon_0$ a permissividade do vácuo e$\varepsilon_r$ a constante dieléctrica relativa do semicondutor com base na Equação (20) o deslocamento do hiato da banda em relação ao valor a granel,

$$\Delta E_g = \frac{h^2}{8m_0R^2}\left(\frac{1}{m_e{}^*}+\frac{1}{m_h{}^*}\right) - \frac{1.8\,e^2}{R\varepsilon_0\varepsilon_r} - 0.248\,\frac{4\pi^2 e^4 m_0}{2\,(4\pi\varepsilon_0\varepsilon_r)^2 h^2\left(\frac{1}{m_e{}^*}+\frac{1}{m_h{}^*}\right)} \quad (21)$$

O primeiro termo na Equação (21) é referido como o termo de localização quântica (ou seja, o termo de energia cinética), que desloca o$E_g(R)$ para energias mais elevadas proporcionalmente a $R^{-2}$. O segundo termo na Equação (21) surge devido à interação de coulomb entre o eletrão e o buraco, deslocando a $E_g$ (R) para energias mais baixas à medida que $R^{-1}$. O terceiro termo independente do tamanho na Equação (21) é a perda de energia de salvação e é normalmente pequeno e ignorado [41]. A Equação (22) seguinte é utilizada para calcular o tamanho da partícula (raio)

$$r\,(nm) = \frac{-0.3049+\sqrt{-26.23012+\frac{10240.72}{\lambda_p\,(nm)}}}{-6.3829+\frac{2483.2}{\lambda_p\,(nm)}} \quad (22)$$

A equação (22) acima é derivada utilizando o modelo de massa efectiva [42] que descreve o tamanho da partícula (r, raio) em função do comprimento de onda do pico de absorção das nanopartículas.

## 4.8 EXPRESSÃO DE EFFROS, BRUS E KAYANUMA

Usando os espectros de absorção para estimar o tamanho médio dos pontos quânticos ou nanopartículas, seguindo a expressão teórica de Effros, Brus e Kayanuma, mostra-se a relação entre o tamanho médio e os parâmetros específicos dos QD's de acordo com a seguinte Equação (23) [43].

$$E_g(a) = E_g + \pi^2 R_y^* \left(\frac{a_B}{a}\right)^2 - 1.786 R_y^* \left(\frac{a_B}{a}\right) - 0.248 R_y^* \quad (23)$$

Onde$E_g(a)$ é o intervalo de banda efetivo dos QD's com raio a, o intervalo de banda$E_g$ , o raio do excitão de Bohr$a_B$ e a energia do excitão de Bohr$R_y^*$ são os parâmetros específicos do material a granel. A partir dos espectros de absorção, podemos determinar o$E_g(a)$ das nanopartículas, pelo que se pode estimar o tamanho médio dos QD's.

A partir desta fórmula, a curva-padrão e os espectros de absorção medidos são dados pela Equação (24)

$$D = 1.6122 X 10^{-9} \lambda^4 - 2.6575 X10^{-6} \lambda^3 + 1.6242 X 10^{-3} \lambda^2 - 0.4277 \lambda + 41.57$$

(24)

Em que D (nm) é o tamanho de uma determinada amostra de nanocristais e o comprimento de onda do primeiro pico de absorção excitónica da amostra de nanopartículas correspondente [44].

## 4.9 NANOPARTICULAS DE SnSe PURO

A Figura 4.3 (a), (b) e (c) mostra os espectros de absorção (absorção versus comprimento de onda) das nanopartículas de SnSe puro sintetizadas a 200, 300 e 400° C de temperatura, respetivamente. Estes espectros de absorção foram obtidos entre 200 nm e 2200 nm. Um estudo cuidadoso destes espectros de absorção revela a presença de um pico de absorção no comprimento de onda incidente de 200, 264 e 420 nm para as nanopartículas de SnSe puro sintetizadas a 200, 300 e 400° C temperaturas, respetivamente. É evidente que, à medida que a temperatura de síntese aumenta, ou seja, 200, 300 e 400° C, estes picos de absorção deslocam-se para comprimentos de onda mais longos.

A partir do cálculo do tamanho das partículas com base no modelo de massa efectiva e na expressão de Effros, Brus e Kayanuma, verificou-se que o tamanho das partículas aumenta com a temperatura. Resultados semelhantes de aumento do tamanho dos cristalitos e do tamanho das partículas com a temperatura foram obtidos a partir da técnica de XRD e da fotografia TEM, respetivamente, como mencionado na Tabela 3.

Resultados semelhantes foram obtidos em [50], que depositaram filmes finos de seleneto de estanho (SnSe) usando pirólise química por pulverização em substratos de vidro não condutor a temperaturas de 250 °C, 300 °C, 350 °C e 400 °C. Foram estudadas as propriedades estruturais e ópticas das películas depositadas. Os estudos de XRD revelam que todas as películas são cristalinas com estrutura ortorrômbica. O intervalo de banda ótica das películas finas de SnSe foi avaliado utilizando dados de transmitância e absorvância. Estima-se um intervalo de banda direta de 1,08 eV e o valor está em conformidade com 1,1 eV reportado anteriormente para películas finas de SnSe. Os padrões de difração de raios X das películas finas de SnSe sintetizadas a temperaturas de substrato de 250 °C, 300 °C, 350 °C e 400 °C são registados e mostram que o tamanho dos cristalitos aumenta com o aumento da temperatura do banho para as películas de SnSe depositadas a temperaturas de 250 °C, 300 °C, 350 °C e 400 °C. Observa-se que o tamanho dos cristalitos aumenta com a temperatura e que as películas depositadas a 350 °C apresentam o valor máximo de tamanho dos cristalitos. Devido à remoção de defeitos na rede com o aumento da temperatura do banho, a tensão nas películas é libertada e atinge um valor máximo à temperatura de 350 °C. Foi indicado um aumento acentuado do tamanho dos cristais com a temperatura do banho. O intervalo de energia das películas de SnSe depositadas a 350 °C com condições optimizadas é de 1,08 eV. Este valor está de acordo com o valor registado anteriormente [51].

Outro trabalho corrobora este facto, no qual foram depositadas com êxito películas finas de seleneto de cobre e estanho ($Cu_2SnSe_3$) em substratos de vidro bem limpos através da técnica de evaporação térmica [52]. As películas finas de $Cu_2SnSe_3$ foram recozidas a diferentes temperaturas de recozimento a 100, 200, 300, 400 e 500 °C. Inicialmente, o tamanho médio dos grãos aumenta de 109,4 para 261,0 nm com o aumento da temperatura de recozimento de 100 para 500°C, respetivamente. Sugerem que a temperatura de recozimento tem uma grande influência no tamanho dos cristalitos e no tamanho médio dos grãos das películas finas, ao mesmo tempo que melhora a sua cristalinidade. Apresentam o tamanho dos cristalitos e o tamanho médio dos grãos em função da temperatura de recozimento.

À medida que o comprimento de onda da luz incidente aumenta no início, ou seja, 200 nm, após o pico de absorção, o coeficiente de absorção começa a diminuir repentina ou rapidamente. Após esta atenuação do coeficiente de absorção, a cerca de 502, 730 e 880 nm de comprimento de onda para nanopartículas de SnSe puras sintetizadas a 200, 300 e 400° C de temperatura, respetivamente, o coeficiente de absorção permanece menos dependente do comprimento de onda em comparação com a região de comprimento de onda mais curto.

Para a determinação do intervalo de banda direta $E_g$, a variação espetral de ( $h\alpha$□ $)^{(2)}$ vs Energia de fotões E (eV) foi apresentada na Figura 4.4 (a), (b) e (c) para nanopartículas de SnSe puro sintetizadas a temperaturas de 200, 300 e 400° C, respetivamente. O intervalo de energia direta $E_g$ diminui com a temperatura de síntese (i.e. 200, 300 e 400 °C). O intervalo de energia direta do cristal único de SnSe é de aproximadamente 1 eV. A partir da aproximação da massa efectiva, deve concluir-se que, à medida que aumenta a diferença entre o intervalo de energia do material em forma de nanopartículas e o intervalo de energia do material em forma de nanopartículas, o tamanho das partículas diminui. Os valores do intervalo de bandas de todas as nanopartículas de SnSe puro são apresentados na Tabela 6.2, e o intervalo de bandas direto diminui (isto é, 3,05 eV, 1,92 eV e 1,50 eV) com a temperatura, pelo que o tamanho das partículas diminui com a temperatura.

No relatório [45], filmes finos de seleneto de estanho (SnSe) foram depositados em diferentes temperaturas na faixa de 350 - 550 K, a partir do material composto pulverizado usando o método de evaporação térmica. Os efeitos da temperatura do substrato (Ts) nas propriedades estruturais e ópticas dos filmes foram investigados. Verificou-se que as películas depositadas a três temperaturas diferentes, 350 K, 450 K e 550 K, apresentam um intervalo de banda direta.

O intervalo de energia de banda das películas depositadas a três Ts diferentes diminuiu na gama de 1,50-1,18 eV com o aumento do Ts. Estes valores estão de acordo com os valores do intervalo de energia registados por outros trabalhadores [46-49]. Estes sugerem que a diminuição da energia direta do intervalo de bandas com o aumento de Ts pode ser explicada pelo facto de a cristalinidade das películas policristalinas de SnSe melhorar com o aumento de $T_s$ [45].

A partir dos espectros de absorção, podem obter-se facilmente os espectros de transmitância (T) e de reflectância (R), tal como discutido e representado em forma matemática anteriormente. Os espectros de transmitância (T), reflectância (R) e absorvância (A) são apresentados na Figura 4.5 (a), (b) e (c) em forma de gráfico em função do comprimento de onda para todas as nanopartículas de SnSe puro sintetizadas a temperaturas de 200, 300 e 400° C, respetivamente.

Os semicondutores actuam como filtros passa-baixo. Assim, a sua formação de cor é subtractiva. A luz branca que incide sobre o semicondutor tem as suas frequências superiores absorvidas (ou seja, indica um valor mais elevado do coeficiente de absorção) e as suas frequências inferiores transmitidas (ou seja, indica um valor mais elevado do coeficiente de transmissão ou transmitância T), com a energia do intervalo de banda como corte, da seguinte forma

Luz absorvida: $h\nu \geq E_g$

Luz transmitida: $h\nu < E_g$

A partir dos espectros de transmitância (T), reflectância (R) e absorvância (A) para todas as nanopartículas de SnSe puras, a energia da luz incidente é inferior à energia do intervalo de banda de determinadas amostras de nanopartículas, tendo sido registado um aumento súbito ou um valor mais elevado de transmitância (ou seja, menor valor do coeficiente de absorção). E vice-versa, a energia da luz incidente é superior à energia do intervalo de banda para todas as nanopartículas de SnSe puro sintetizadas a temperaturas de 200, 300 e 400° C, respetivamente.

Como já foi referido, o intervalo de energia diminui com a temperatura, o que leva a uma deslocação dos espectros de absorção e de transmissão correspondentes a esse comprimento de onda.

A partir da Figura 4.5 (a), (b) e (c), pode-se notar que a natureza da mudança dos espectros de transmitância e reflectância é quase a mesma. Mas o valor da reflectância em percentil é inferior ao da absorvância. Se o autor tivesse cultivado cristais únicos de um composto semelhante, ou seja, SnSe, a reflectância seria superior a da absorvância, devido à superfície brilhante dos cristais. Mas nas investigações actuais sobre a síntese de nanopartículas não é assim.

A Figura 4.6 (a), (b) e (c) mostra a variação espetral do índice de refração (n) para as nanopartículas de SnSe puro sintetizadas a 200, 300 e 400° C, respetivamente.

Verificou-se que a tendência geral de variação do índice de refração (n) permanece praticamente a mesma para as nanopartículas de SnSe puro sintetizadas a temperaturas de 200, 300 e 400° C. Obtiveram-se picos nítidos para todas estas amostras de nanopartículas de SnSe puro. Após um aumento adicional do comprimento de onda, o valor do índice de refração cai e diminui subitamente. À medida que a temperatura de síntese das nanopartículas de SnSe puro aumenta, esta queda ou diminuição súbita do índice de refração desloca-se para uma região de maior comprimento de onda ou para uma região de menor energia da luz. O índice de refração foi calculado a partir do valor da reflectância e foi discutido que os espectros de reflectância foram deslocados com base nos espectros de absorção ou na temperatura de síntese.

A Figura 4.7 (a), (b) e (c) mostra a variação espetral do coeficiente de extinção (k) para nanopartículas de SnSe puro sintetizadas a temperaturas de 200, 300 e 400° C. A tendência geral de variação dos espectros do índice de refração e do coeficiente de extinção com o comprimento de onda mantém-se praticamente a mesma, mas de forma inversa.

A Figura 4.8 (a), (b) e (c) mostram a variação da parte real da constante dieléctrica ($\varepsilon_r$) para as nanopartículas de SnSe puro sintetizadas às temperaturas de 200, 300 e 400° C.

A tendência comum de discrepância na parte real da constante dieléctrica ($\varepsilon_r$) com a energia foi encontrada e permanece praticamente a mesma para as nanopartículas de SnSe puro sintetizadas a temperaturas de 200, 300 e 400° C. Obtiveram-se picos acentuados para todas estas amostras de nanopartículas de SnSe puro, para uma gama de energias entre 2,5 e 5 eV. A um valor mais baixo de energia, o valor da parte real da constante dieléctrica ($\varepsilon_r$) começa a diminuir e, a partir de uma determinada energia de radiação, diminui e diminui repentina ou rapidamente. À medida que a temperatura de síntese das nanopartículas de SnSe puro aumenta, estas quedas ou diminuições súbitas na parte real da constante dieléctrica ($\varepsilon_r$) deslocam-se para a região de comprimentos de onda mais elevados/alongados ou para uma energia de luz mais baixa, tal como no perfil do espetro do índice de refração.

A Figura 4.9 (a), (b) e (c) mostra a variação da parte imaginária da constante dieléctrica ($\varepsilon_i$) para nanopartículas de SnSe puro sintetizadas a temperaturas de 200, 300 e 400° C. A um valor mais baixo de energia, o valor da parte imaginária da constante dieléctrica ($\varepsilon_i$) começa a diminuir e, a partir de uma determinada energia de radiação, diminui e diminui repentina ou rapidamente.

À medida que a temperatura de síntese das nanopartículas de SnSe puro aumenta, estas quedas ou decréscimos súbitos na parte imaginária da constante dieléctrica ($\varepsilon_i$) deslocam-se para uma região de comprimentos de onda mais elevados/alongados ou para uma energia de luz mais baixa, tal como acontece com o perfil dos espectros do índice de refração e da parte real da constante dieléctrica ($\varepsilon_r$).

A Figura 4.10 (a), (b) e (c) mostra o gráfico de $(n^2-1)^{-1}$ versus $E^2$ para nanopartículas de SnSe puro sintetizadas a 200, 300 e 400 °C. Os valores de $E_0$ e $E_d$, parâmetros de dispersão, foram obtidos a partir dos valores do declive e dos interceptos destes gráficos de linhas rectas obtidos para estas nanopartículas de SnSe puro. Com base no modelo de oscilador único efetivo [35], os parâmetros $E_0$ e $E_d$ estão ligados à parte imaginária da constante dieléctrica complexa e os momentos $M_{-1}$ e $M_{-3}$ do espetro ótico $\varepsilon(E)$ foram calculados através das relações discutidas anteriormente neste capítulo.

A Tabela 2 apresenta os parâmetros de dispersão $E_0$ e $E_d$, os momentos $M_{-1}$ e $M_{-3}$, juntamente com o intervalo de energia destas nanopartículas puras de SnSe sintetizadas pela técnica de solução aquosa em água bidestilada. É evidente que todos estes parâmetros ópticos dependem da temperatura de síntese, uma vez que se alteram com a temperatura.

A Figura 4.11 (a), (b) e (c) mostra o gráfico das nanopartículas de SnSe puro sintetizadas a 200, 300 e 400 °C. A uma temperatura constante (ambiente), o gráfico que representa o intervalo da cauda de Urbach apresenta uma linha reta. A partir do declive destes gráficos para todas as nanopartículas de SnSe puro, foi calculada a energia de Urbach $E_U$. Os valores obtidos são apresentados na Tabela 2 e pode concluir-se que a energia de Urbach $E_U$ não se altera consideravelmente com a temperatura de síntese das nanopartículas de SnSe puro.

Além disso, os resultados obtidos e discutidos nas presentes investigações sobre a dispersão dos parâmetros ópticos correspondem ao espetro fundamental de excitação eletrónica que pode ajudar a avaliar as constantes optoelectrónicas do material.

## 4.10 NANOPARTICULAS DE SnSe DOPADAS COM COBRE

A Figura 4.12 (a), (b) e (c) mostra os espectros de absorção (absorção versus comprimento de onda) de nanopartículas de SnSe dopadas com cobre a 0,001, 0,01 e 0,1 M de concentração de cobre, respetivamente. Estes espectros de absorção para estas nanopartículas dopadas foram obtidos entre 200 nm e 2200 nm. Um estudo cuidadoso destes espectros de absorção revela a presença de um pico de absorção no comprimento de onda incidente de 430, 270 e 281 nm para as nanopartículas de SnSe dopadas com cobre a 0,001, 0,01 e 0,1 M de concentração de cobre, respetivamente.

É evidente que, à medida que o nível de dopagem da concentração de cobre aumenta, ou seja, 0,001, 0,01 e 0,1 M de concentração de cobre, estes picos de absorção deslocam-se para um comprimento de onda mais curto ou para uma energia mais elevada. A partir do cálculo do tamanho das partículas com base no modelo de massa efectiva e na expressão de Effros, Brus e Kayanuma, verificou-se que o tamanho das partículas diminui com a temperatura. Resultados semelhantes de diminuição do tamanho dos cristais e do tamanho das partículas com o aumento do nível de dopagem com cobre foram obtidos a partir da técnica XRD e da fotografia TEM, respetivamente, como mencionado na Tabela 6.5.

A influência do teor de cobre nas propriedades estruturais e ópticas das películas finas de $SnO_2$ pulverizadas foi investigada em [53]. Os parâmetros de dispersão ótica foram avaliados e analisados utilizando a equação de Wemple-Didomenico. Os valores médios da energia do oscilador, $E_o$, e da energia de dispersão, $E_d$, foram encontrados na gama apresentada nos relatórios desta investigação. Os investigadores mediram o tamanho dos cristais a partir do método XRD das películas finas de $SnO_2$. Verificaram que o tamanho dos cristais diminuía à medida que o teor de cobre aumentava, para $SnO_2$ não dopado, 3 % e 7 % de dopagem com cobre, o tamanho dos cristais era de 63,7, 43,88 e 37,78 nm, respetivamente [53]. Esta tendência é semelhante à da presente investigação sobre nanopartículas de SnSe dopadas com cobre, conforme mencionado na Tabela 5.

No trabalho relatado em [54], foi estudado o efeito da dopagem combinada de Pd e Cu na microestrutura e nas propriedades eléctricas e de sensor de gás do dióxido de estanho nanocristalino. As películas de $SnO_2$, $SnO_2$ (PdO), $SnO_2$ (CuO) e $SnO_2$(PdO+ CuO) com espessura de 0,8 - 1 mm e teor de metal dopante de 0,5 - 1,6 % foram sintetizadas por pirólise de aerossol. O tamanho médio dos grãos de SnO2 diminuiu com a adição de Pd e Cu.

Num relatório anterior [55], semelhante ao trabalho apresentado, cristais de iodato de chumbo dopados com cobre foram cultivados com sucesso em meio de sílica gel. Foi estudada a influência do dopante metálico $Cu^{2+}$ nas propriedades estruturais e ópticas dos cristais de iodato de chumbo. Observou-se que o tamanho do cristal aumentava com o aumento da concentração dopante de iões $Cu^{2+}$. A análise XRD revela que o tamanho do grão do cristal diminui com o aumento da concentração dopante de iões $Cu^{2+}$.

O estudo dos espectros de absorção UV revela que a energia do intervalo de bandas dos cristais de iodato de chumbo dopados com $Cu^{2+}$ aumenta com o aumento da concentração de dopagem e, por conseguinte, o tamanho das partículas diminui. São apresentados os espectros de absorção UV dos cristais de iodato de chumbo não dopados e dopados com $Cu^{2+}$ (para 0,01 M, 0,04 M e 0,07 M Cu). A partir do espetro, inferiu-se que os cristais de iodato de chumbo não dopados e dopados com $Cu^{2+}$ têm transmissão suficiente em toda a região do visível e do infravermelho. O coeficiente de absorção é elevado nos comprimentos de onda mais baixos e a transparência é ampla a partir de 340 nm. Além disso, 0,01M $Cu^{2+}$ aumenta ligeiramente a percentagem de transmitância dos cristais de iodato de chumbo, enquanto que, com o aumento da concentração de dopagem, a transparência dos cristais de iodato de chumbo diminui.

Os espectros ópticos indicam que, ao aumentar a dopagem com cobre (isto é, 0,01, 0,04, 0,07), o pico de absorção desloca-se para a região de menor comprimento de onda e, por conseguinte, o intervalo de energia do composto aumenta, pelo que o tamanho das partículas diminui [55]

Aqui, o autor anexou estes tipos de trabalhos de referência, porque o efeito da dopagem com cobre nas propriedades estruturais e ópticas das nanopartículas de SnSe ou nos cristais/materiais a granel de SnSe não tinha sido relatado anteriormente. A razão subjacente a esta investigação de nanopartículas de SnSe puras e dopadas com cobre foi apresentada neste livro.

À medida que o comprimento de onda da luz incidente aumenta no início, ou seja, 200 nm, após o pico de absorção, o coeficiente de absorção começa a diminuir repentina ou rapidamente. Após esta atenuação do coeficiente de absorção, a cerca de 990, 965 e 860 nm de comprimento de onda para as nanopartículas de SnSe dopadas com cobre a 0,001, 0,01 e 0,1 M de concentração de cobre, respetivamente, o coeficiente de absorção mantém-se com menor comprimento de onda e, por conseguinte, menos dependente da energia em comparação com a região de menor comprimento de onda.

Para determinar o intervalo de banda direta $E_g$, a variação espetral de $( h\alpha\square )^{(2)}$ vs Energia de fotões E (eV) foi mostrada na Figura 4.13 (a), (b) e (c) para nanopartículas de SnSe dopadas com cobre a 0,001, 0,01 e 0,1 M de concentração de cobre, respetivamente. Daqui se conclui que o intervalo de banda direta $E_g$ aumenta com o nível de dopagem da concentração de cobre (isto é, 0,001, 0,01 e 0,1 M de concentração de cobre). Utilizando a Aproximação da Massa Efectiva (EMA), deve concluir-se que, à medida que aumenta a diferença entre o intervalo de energia do material na forma de nanopartículas e o intervalo de energia do material na forma de nanopartículas, o tamanho das partículas diminui. Na presente investigação, não há relatórios disponíveis sobre a síntese de monocristais dopados com cobre ou na forma de massa, pelo que não é possível efetuar este tipo de comparação entre o intervalo de banda da massa e o intervalo de banda das nanopartículas.

Assim, o autor utilizou uma expressão derivada da EMA e que está relacionada com o tamanho das partículas e o pico de absorção. Estes valores do intervalo de banda de todas as nanopartículas de SnSe dopadas com cobre foram apresentados na Tabela 4.5, e o intervalo de banda direto aumenta (i.e. 3,05 eV, 1,92 eV e 1,50 eV) com o nível de dopagem de cobre, pelo que o tamanho das partículas diminui com o nível de dopagem de cobre.

A partir dos espectros de absorção, podem ser obtidos os espectros de transmitância (T) e de reflectância (R), tal como representado na forma matemática anteriormente. Os espectros de transmitância (T), reflectância (R) e absorvância (A) são apresentados na Figura 4.14 (a), (b) e (c) em forma gráfica em função do comprimento de onda para nanopartículas de SnSe dopadas com cobre a 0,001, 0,01 e 0,1 M de concentração de cobre, respetivamente.

Os semicondutores actuam como filtros passa-baixo. Sempre que a luz incide sobre o semicondutor, as suas frequências superiores são absorvidas (ou seja, indicam um valor mais elevado do coeficiente de absorção) e as suas frequências inferiores são transmitidas (ou seja, indicam um valor mais elevado do coeficiente de transmissão ou da transmitância T), com a energia do intervalo de banda.

A partir dos espectros de transmitância (T), reflectância (R) e absorvância (A) para todas as nanopartículas de SnSe dopadas com cobre, a energia da luz incidente é inferior à energia do intervalo de bandas de determinadas amostras de nanopartículas dopadas, tendo sido registado um aumento súbito ou um valor mais elevado de transmitância (ou seja, um valor inferior do coeficiente de absorção). E vice-versa, a energia da luz incidente é maior do que a energia do intervalo de bandas para nanopartículas de SnSe dopadas com cobre a 0,001, 0,01 e 0,1 M de concentração de cobre, respetivamente.

Na presente investigação, o autor refere que o intervalo de energia aumenta com o nível de dopagem do cobre nas nanopartículas de SnSe, o que leva a uma alteração dos espectros de absorvância e transmitância correspondentes a esse comprimento de onda.

A partir da Figura 4.14 (a), (b) e (c), pode-se notar que a natureza da mudança dos espectros de transmitância e reflectância é quase a mesma. Mas, à semelhança de todas as nanopartículas de SnSe puras, também aqui nas nanopartículas de SnSe dopadas com cobre o valor da reflectância em percentil é inferior ao da absorvância.

A Figura 4.15 (a), (b) e (c) mostra a variação espetral do índice de refração (n) para nanopartículas de SnSe dopadas com cobre a 0,001, 0,01 e 0,1 M de concentração de cobre, respetivamente.

Verificou-se que a tendência geral de variação do índice de refração (n) permanece praticamente a mesma para as nanopartículas de SnSe dopadas com cobre a 0,001, 0,01 e 0,1 M de concentração de cobre. Obtiveram-se picos acentuados para todas estas amostras de nanopartículas de SnSe dopadas com cobre. Após um aumento do comprimento de onda, o valor do índice de refração desce e diminui subitamente. À medida que o nível de dopagem da concentração de cobre nas nanopartículas de SnSe aumenta, esta queda ou diminuição súbita do índice de refração desloca-se para uma região de comprimento de onda mais elevado/mais longo ou para uma energia de luz mais baixa. Os espectros de reflexão foram deslocados com base nos espectros de absorção ou no nível de dopagem da concentração de cobre.

A Figura 4.16 (a), (b) e (c) mostra a variação espetral do coeficiente de extinção (k) para nanopartículas de SnSe dopadas com cobre a 0,001, 0,01 e 0,1 M de concentração de cobre. A tendência geral de variação dos espectros do índice de refração e do coeficiente de extinção com o comprimento de onda mantém-se praticamente a mesma, mas de forma inversa.

A Figura 4.17 (a), (b) e (c) mostra a variação da parte real da constante dieléctrica ($\varepsilon_r$) para nanopartículas de SnSe dopadas com cobre a 0,001, 0,01 e 0,1 M de concentração de cobre, respetivamente.

A tendência comum de discrepância na parte real da constante dieléctrica ($\varepsilon_r$)com a energia foi encontrada e permanece praticamente a mesma para as nanopartículas de SnSe dopadas com cobre a 0,001, 0,01 e 0,1 M de concentração de cobre. Obtiveram-se picos acentuados para todas estas amostras de nanopartículas de SnSe dopadas com cobre, para uma gama de energias entre 1 e 3,5 eV. A um valor mais baixo de energia, o valor da parte real da constante dieléctrica ($\varepsilon_r$) começa a aumentar e, a partir de uma determinada energia de radiação, diminui e decresce súbita ou rapidamente.

A Figura 4.18 (a), (b) e (c) mostra a variação da parte imaginária da constante dieléctrica ($\varepsilon_i$) para nanopartículas de SnSe dopadas com cobre a 0,001, 0,01 e 0,1 M de concentração de cobre, respetivamente. A um valor inferior de energia, o valor da parte imaginária da constante dieléctrica ($\varepsilon_i$) começa a diminuir e, após uma determinada energia de radiação, atinge o valor máximo. À medida que o nível de dopagem da concentração de cobre aumenta nas nanopartículas de SnSe, estes picos de aumento da parte imaginária da constante dieléctrica ($\varepsilon_i$) deslocam-se para uma região de comprimentos de onda maiores/mais longos ou para uma energia de luz mais baixa, tal como acontece com o perfil do espetro do índice de refração, tal como acontece com a parte real da constante dieléctrica ($\varepsilon_r$).

A Figura 4.19 (a), (b) e (c) mostra o gráfico de $(n^2-1)^{-1}$ versus $E^2$ para nanopartículas de SnSe dopadas com cobre a 0,001, 0,01 e 0,1 M de concentração de cobre. A partir de os valores do declive e dos interceptos destes gráficos de linhas rectas obtidos para estas nanopartículas de SnSe dopadas com cobre, foram obtidos os valores de $E_0$ e $E_d$, parâmetros de dispersão. Utilizando o modelo de oscilador único efetivo [35], os parâmetros $E_0$ e $E_d$ estão ligados à parte imaginária da constante dieléctrica complexa e os momentos $M_{-1}$ e $M_{-3}$ do espetro ótico $\varepsilon(E)$ foram calculados.

A Tabela 4 apresenta os parâmetros de dispersão $E_0$ e $E_d$, os momentos $M_{-1}$ e $M_{-3}$, juntamente com o intervalo de energia destas nanopartículas de SnSe dopadas com cobre, sintetizadas pela técnica de solução aquosa. É evidente que todos estes parâmetros ópticos dependem do nível de concentração de dopagem de cobre, uma vez que estão a mudar com o nível de dopagem.

A Figura 4.20 (a), (b) e (c) mostra o gráfico das nanopartículas de SnSe dopadas com cobre a 0,001, 0,01 e 0,1 M de concentração de cobre. A temperatura constante (ambiente), o gráfico que representa o eixo x no intervalo da cauda de Urbach produz uma linha reta. A partir do declive destes gráficos para todas as nanopartículas de SnSe dopadas com cobre, foi calculada a energia de Urbach $E_U$.

Os valores obtidos são apresentados na Tabela 4 e pode concluir-se que a energia de Urbach $E_U$ se altera consideravelmente com o nível de dopagem da concentração de cobre nas nanopartículas de SnSe. Verificou-se que esta energia de Urbach $E_U$ varia menos consideravelmente no caso das nanopartículas de SnSe puro.

## 4.11 CONCLUSÕES

Neste capítulo, o autor mostra que a transição direta permitida dá uma boa conta da borda de absorção ótica em nanopartículas SnSe puras e dopadas com cobre.

As energias do intervalo de banda direta foram determinadas para estas nanopartículas. Para todas estas nanopartículas, foi representado o modo como a absorvância, a transmitância e a reflectância variam com o comprimento de onda do fotão incidente (ou seja, 200 nm a 2000 nm). A tendência geral de variação do coeficiente de extinção (k), do índice de refração (n), da parte real e imaginária da constante dieléctrica foi discutida em função da energia ou frequência do fotão incidente.

Com base no modelo de oscilador único efetivo, foram determinados e mencionados diferentes parâmetros $E_0$, $E_d$, $M_{-1}$ e $M_{-3}$ para as nanopartículas de SnSe puras e dopadas com cobre sintetizadas. A forma como todos estes parâmetros de oscilador único efetivo são alterados com a temperatura de síntese em nanopartículas de SnSe puras, bem como com o nível de dopagem da concentração de cobre em nanopartículas de SnSe dopadas com cobre, foi discutida. A energia de Urbach foi determinada empregando a regra de Urbach para todas essas nanopartículas sintetizadas. A estimativa do tamanho das partículas foi apresentada para as nanopartículas sintetizadas utilizando o modelo de massa efectiva.

- **LISTA DE FIGURAS E**

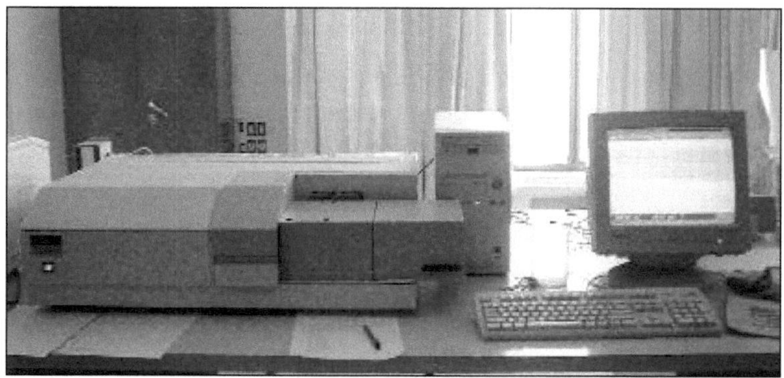

**Figura 4.1:** Espectrofotómetro UV-VIS-NIR.

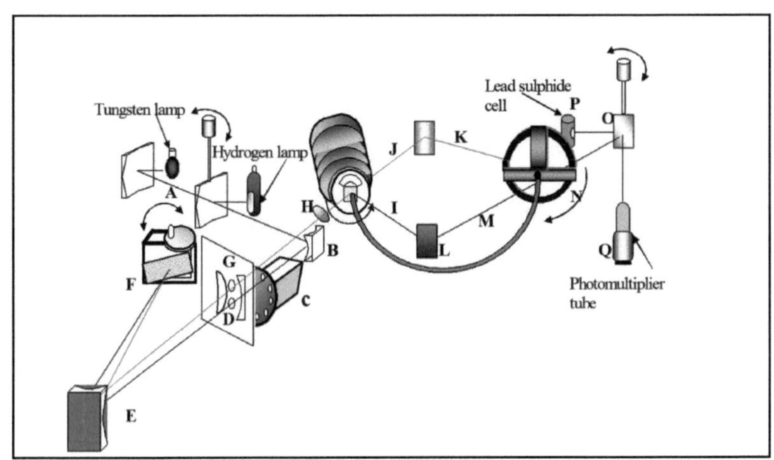


**Figura 4.2: Diagrama de blocos do espetrofotómetro.**

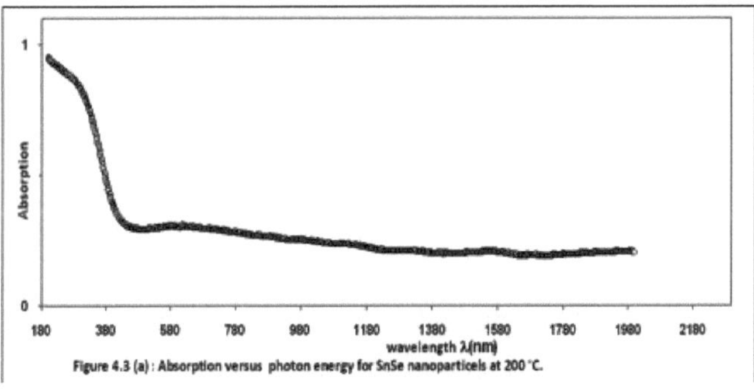


Figure 4.3 (a) : Absorption versus photon energy for SnSe nanoparticels at 200 °C.

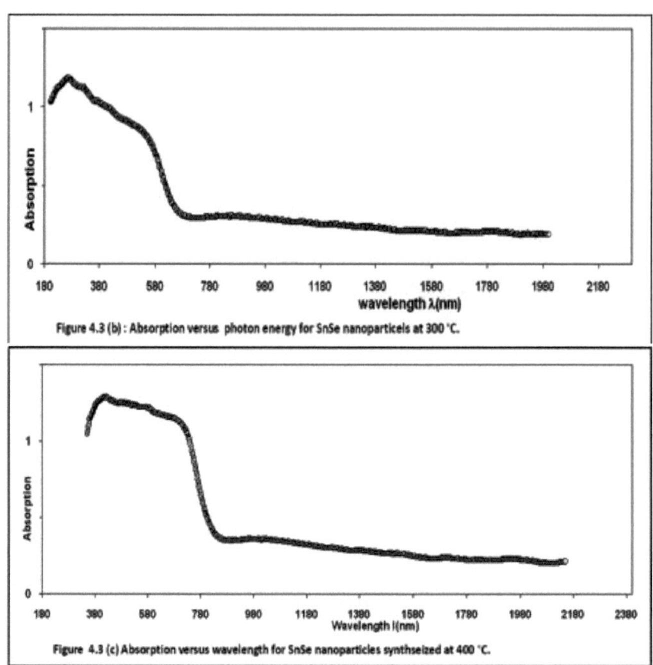


Figure 4.3 (b) : Absorption versus photon energy for SnSe nanoparticels at 300 °C.

Figure 4.3 (c) Absorption versus wavelength for SnSe nanoparticles synthseized at 400 °C.

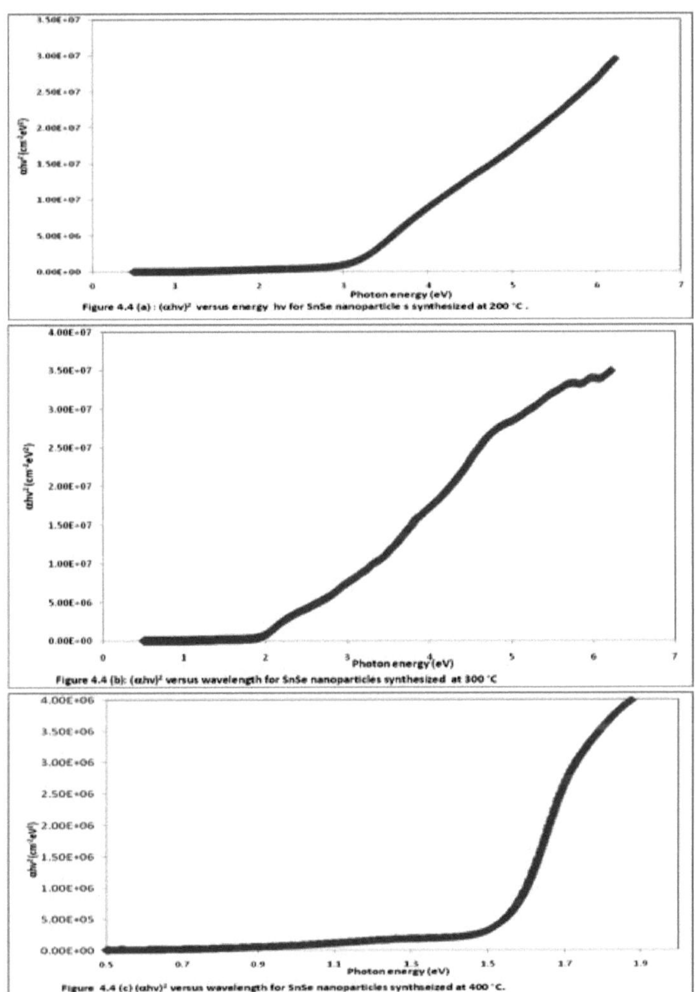


Figure 4.4 (a) : $(\alpha h\nu)^2$ versus energy hν for SnSe nanoparticle s synthesized at 200 °C .

Figure 4.4 (b): $(\alpha h\nu)^2$ versus wavelength for SnSe nanoparticles synthesized at 300 °C

Figure 4.4 (c) $(\alpha h\nu)^2$ versus wavelength for SnSe nanoparticles synthseized at 400 °C.

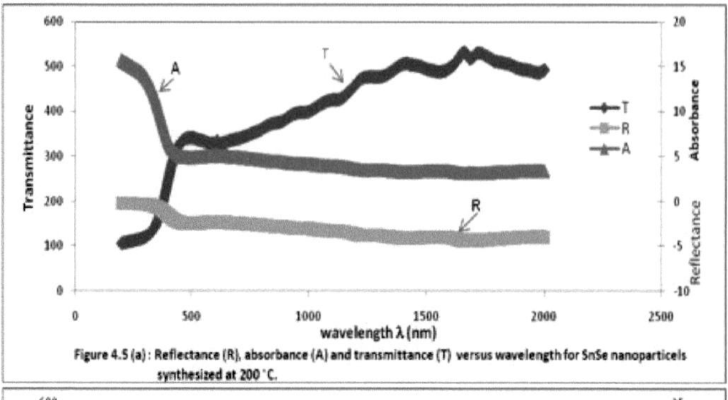


**Figure 4.5 (a) : Reflectance (R), absorbance (A) and transmittance (T) versus wavelength for SnSe nanoparticels synthesized at 200 °C.**

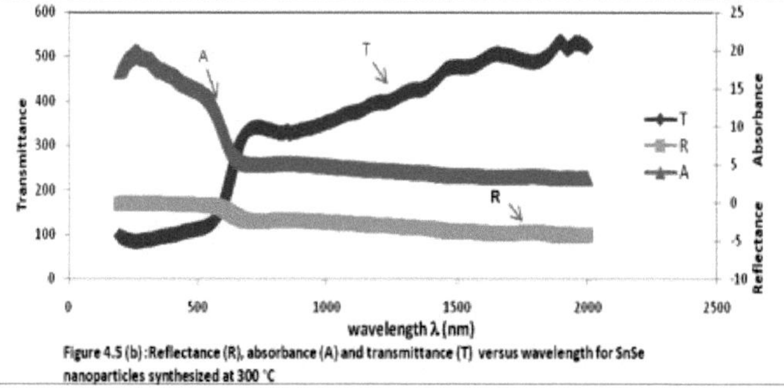


**Figure 4.5 (b) :Reflectance (R), absorbance (A) and transmittance (T) versus wavelength for SnSe nanoparticles synthesized at 300 °C**

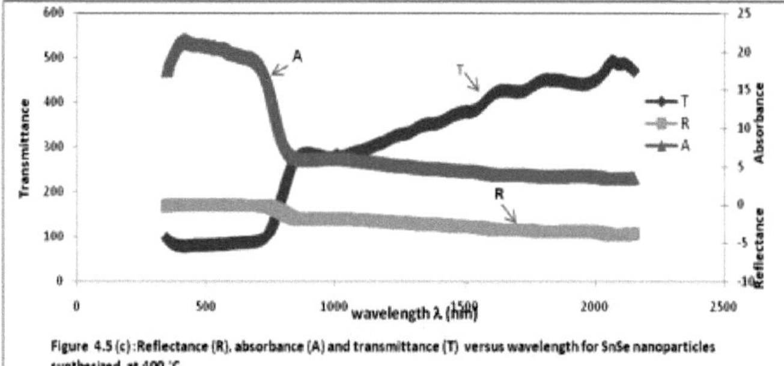


**Figure 4.5 (c) :Reflectance (R), absorbance (A) and transmittance (T) versus wavelength for SnSe nanoparticles synthesized at 400 °C**

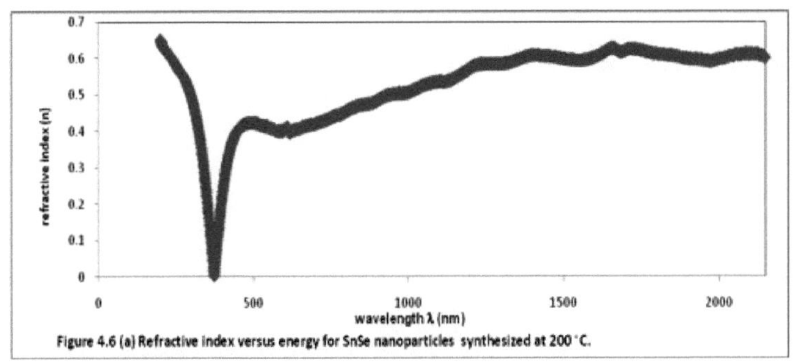

Figure 4.6 (a) Refractive index versus energy for SnSe nanoparticles synthesized at 200 °C.

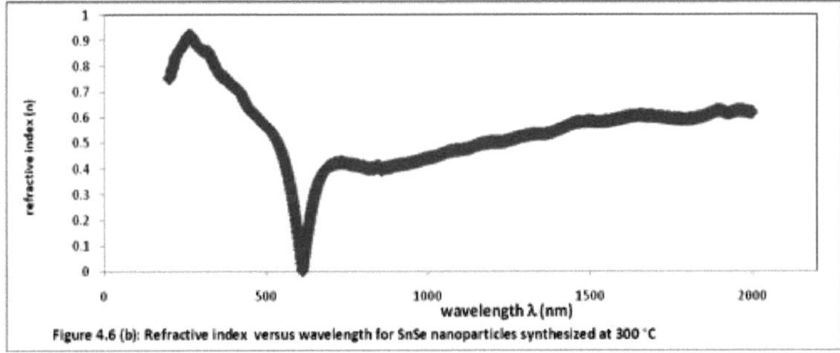

Figure 4.6 (b): Refractive index versus wavelength for SnSe nanoparticles synthesized at 300 °C

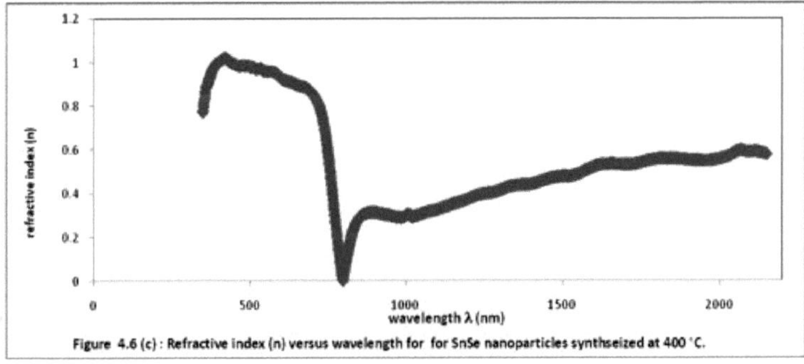

Figure 4.6 (c) : Refractive index (n) versus wavelength for for SnSe nanoparticles synthseized at 400 °C.

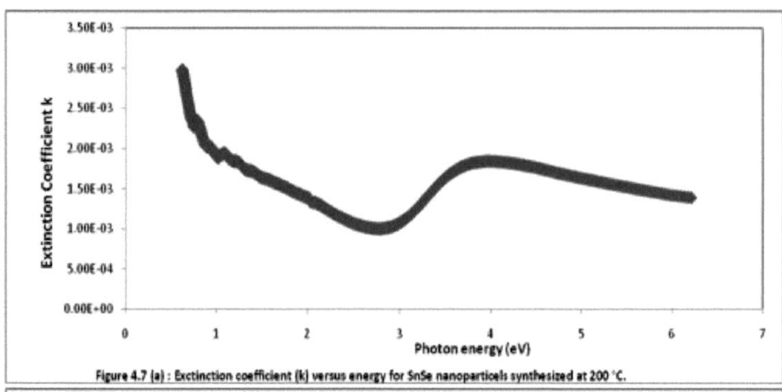

Figure 4.7 (a) : Exctinction coefficient (k) versus energy for SnSe nanoparticels synthesized at 200 °C.

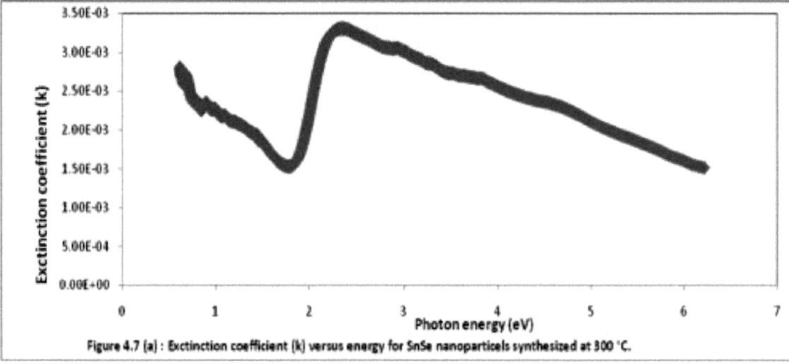

Figure 4.7 (a) : Exctinction coefficient (k) versus energy for SnSe nanoparticels synthesized at 300 °C.

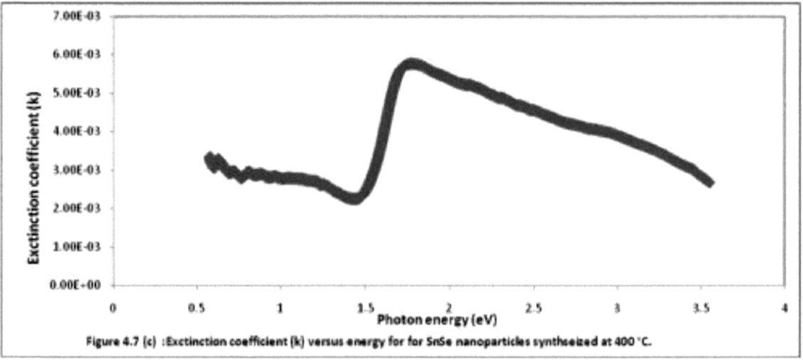

Figure 4.7 (c) :Exctinction coefficient (k) versus energy for for SnSe nanoparticles synthseized at 400 °C.

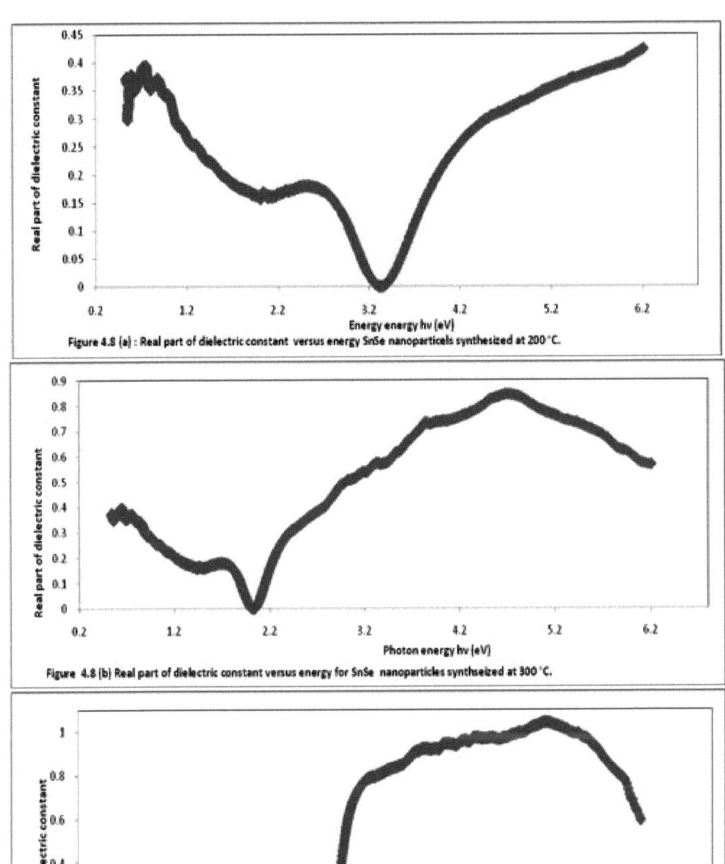


Figure 4.8 (a) : Real part of dielectric constant versus energy SnSe nanoparticels synthesized at 200 °C.

Figure 4.8 (b) Real part of dielectric constant versus energy for SnSe nanoparticles synthseized at 300 °C.

Figure 4.8 (c) Real part of dielectric constant versus energy for SnSe nanoparticles synthseized at 400 °C.

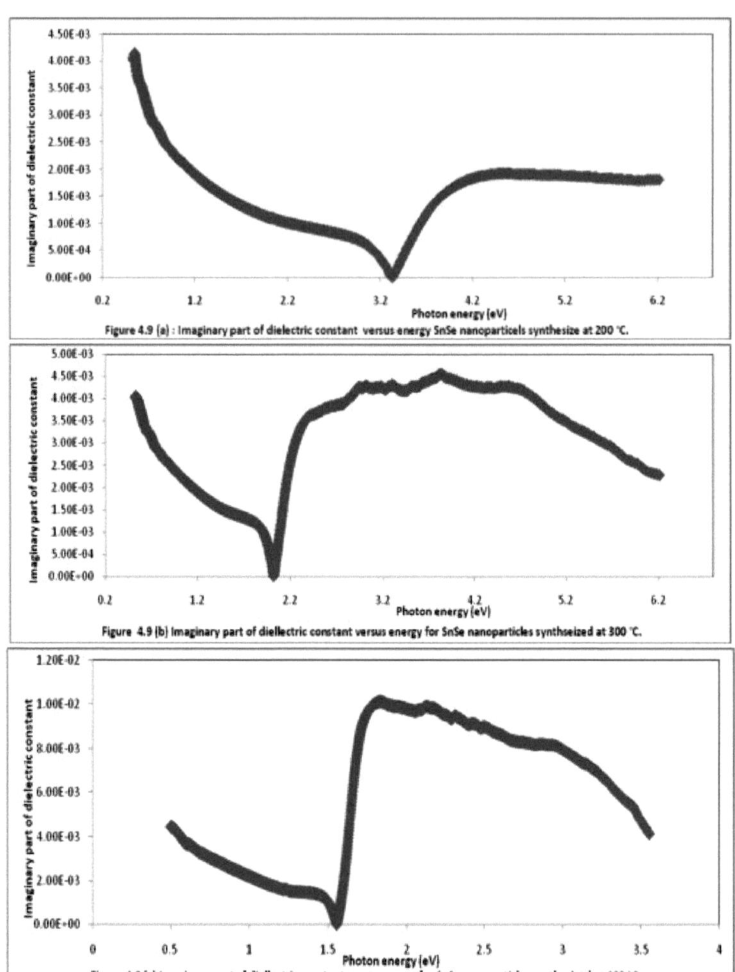


Figure 4.9 (a) : Imaginary part of dielectric constant versus energy SnSe nanoparticels synthesize at 200 °C.

Figure 4.9 (b) Imaginary part of diellectric constant versus energy for SnSe nanoparticles synthseized at 300 °C.

Figure 4.9 (c) Imaginary part of diellectric constant versus energy for SnSe nanoparticles synthseized at 400 °C.

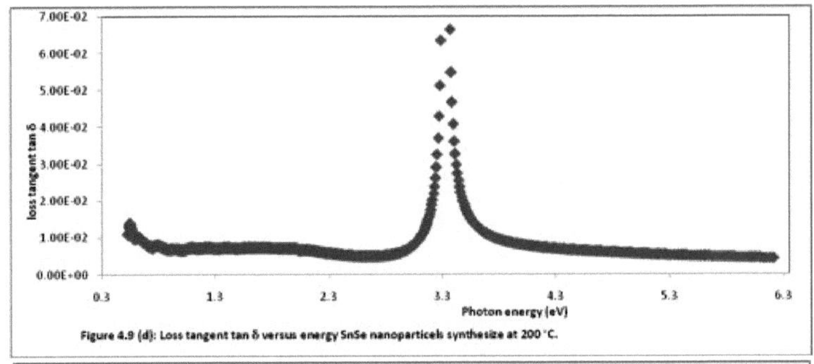


Figure 4.9 (d): Loss tangent tan δ versus energy SnSe nanoparticels synthesize at 200 °C.

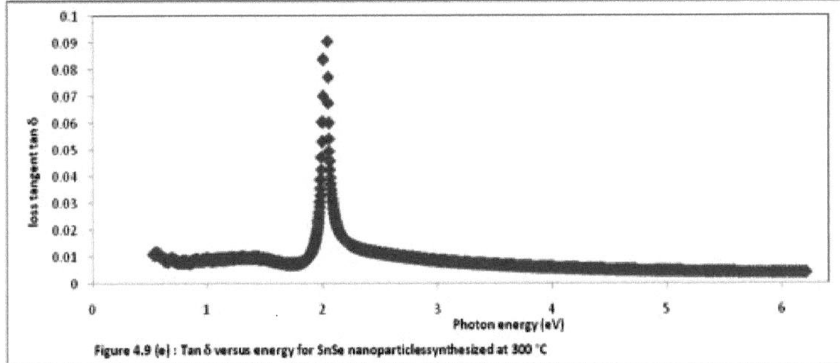


Figure 4.9 (e) : Tan δ versus energy for SnSe nanoparticlessynthesized at 300 °C

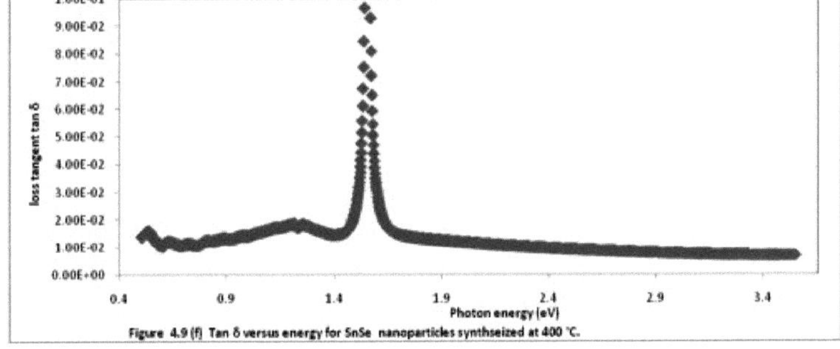


Figure 4.9 (f) Tan δ versus energy for SnSe nanoparticles synthseized at 400 °C.

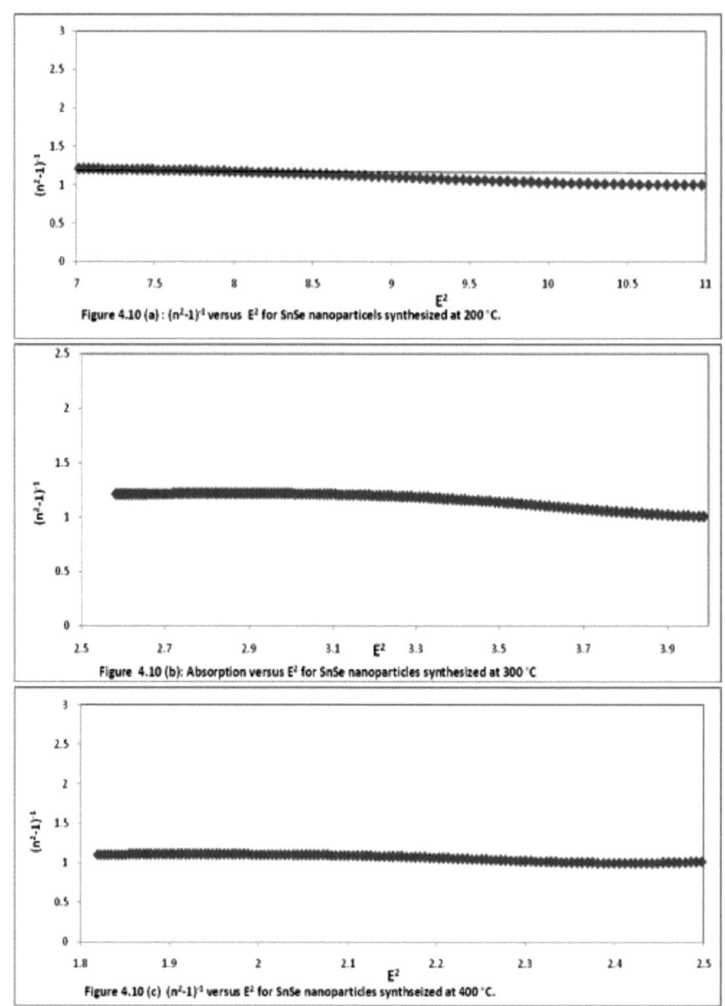


Figure 4.10 (a) : $(n^2-1)^{-1}$ versus $E^2$ for SnSe nanoparticels synthesized at 200 °C.

Figure 4.10 (b): Absorption versus $E^2$ for SnSe nanoparticles synthesized at 300 °C

Figure 4.10 (c) $(n^2-1)^{-1}$ versus $E^2$ for SnSe nanoparticles synthseized at 400 °C.

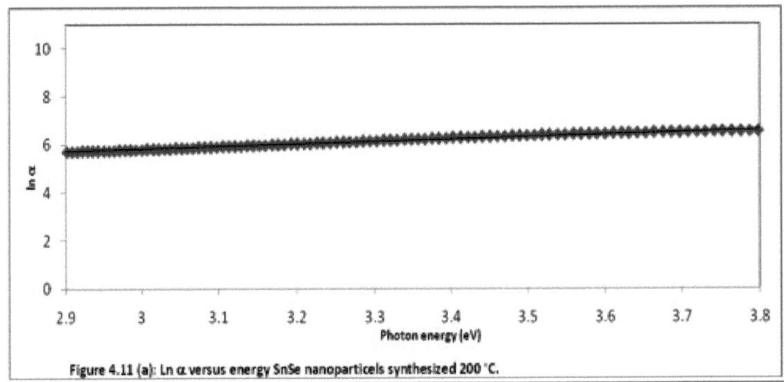


Figure 4.11 (a): Ln α versus energy SnSe nanoparticels synthesized 200 °C.

Figure 4.11 (b) : Ln α versus energy for SnSe nanoparticles synthesized at 300 °C

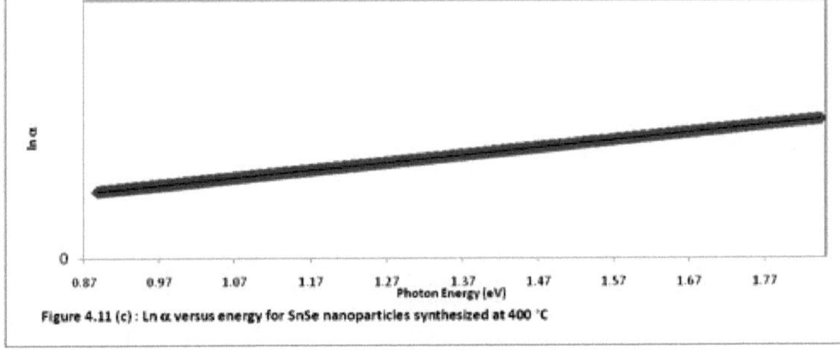


Figure 4.11 (c) : Ln α versus energy for SnSe nanoparticles synthesized at 400 °C

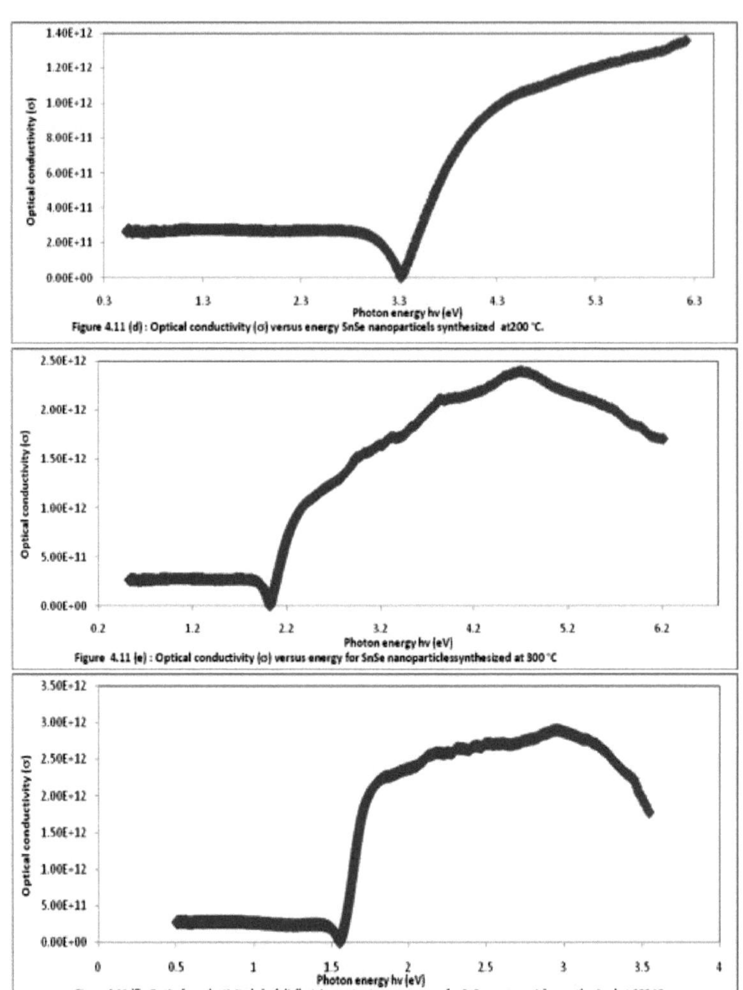


Figure 4.11 (d) : Optical conductivity (σ) versus energy SnSe nanoparticels synthesized at200 °C.



Figure 4.11 (e) : Optical conductivity (σ) versus energy for SnSe nanoparticlessynthesized at 300 °C



Figure 4.11 (f) Optical conductivity (σ) of diellectric constant versus energy for SnSe nanoparticles synthseized at 400 °C.

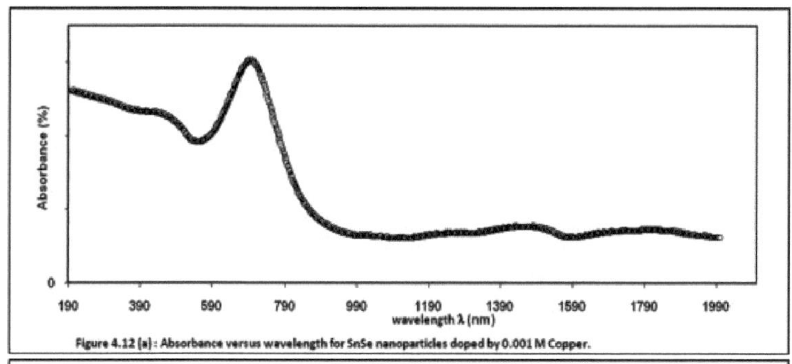


Figure 4.12 (a) : Absorbance versus wavelength for SnSe nanoparticles doped by 0.001 M Copper.

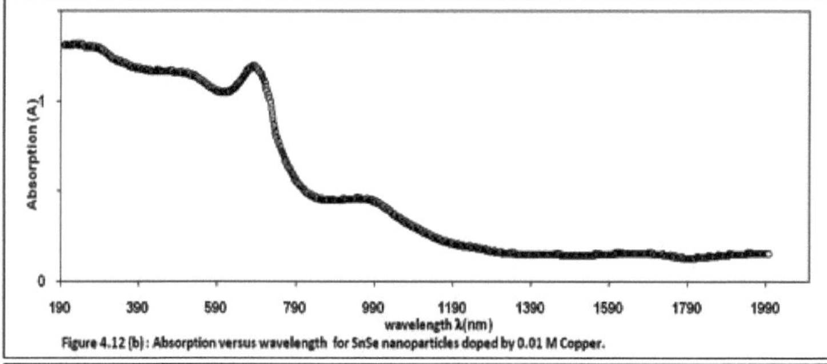


Figure 4.12 (b) : Absorption versus wavelength for SnSe nanoparticles doped by 0.01 M Copper.

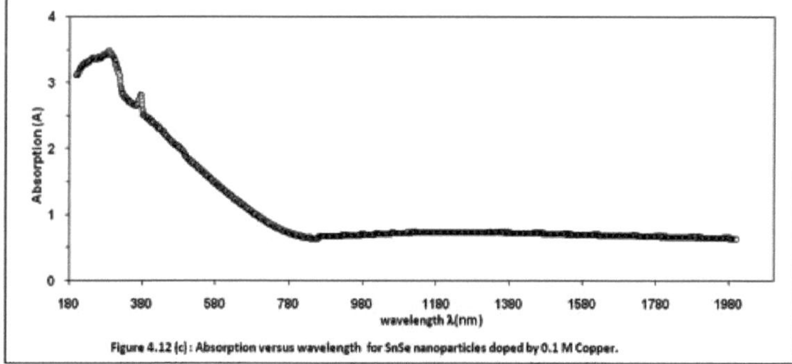


Figure 4.12 (c) : Absorption versus wavelength for SnSe nanoparticles doped by 0.1 M Copper.

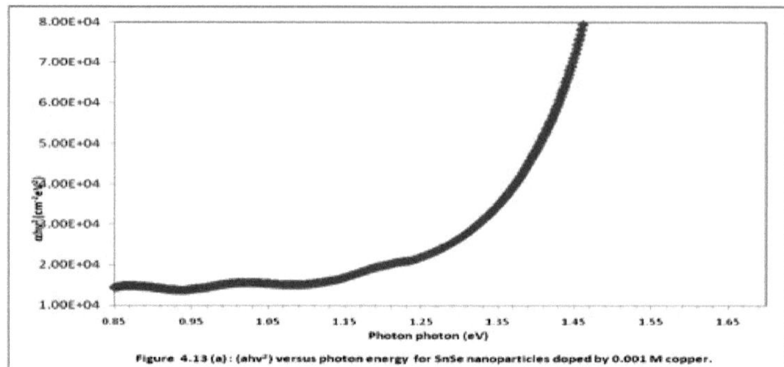


Figure 4.13 (a) : ($ahv^2$) versus photon energy for SnSe nanoparticles doped by 0.001 M copper.

2.00E+06
1.50E+06
1.00E+06
5.00E+05
4.70E+00
1.35 1.4 1.45 1.5 1.55 1.6 1.65 1.7 1.75 1.8
Photon photon (eV)

Figure 4.13 (b) : ($ahv^2$) versus photon energy for SnSe nanoparticles doped by 0.01 M copper.

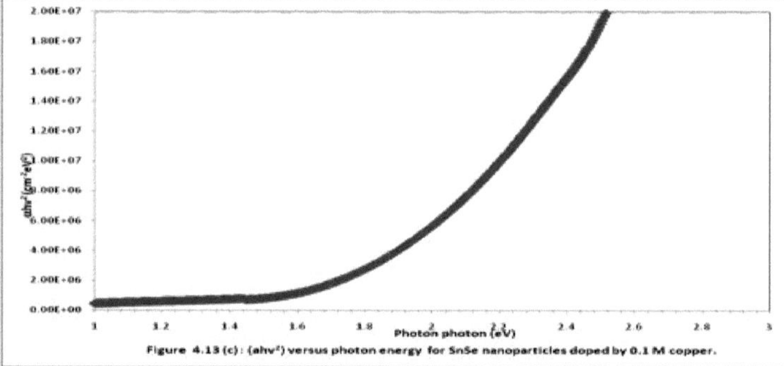


Figure 4.13 (c) : ($ahv^2$) versus photon energy for SnSe nanoparticles doped by 0.1 M copper.

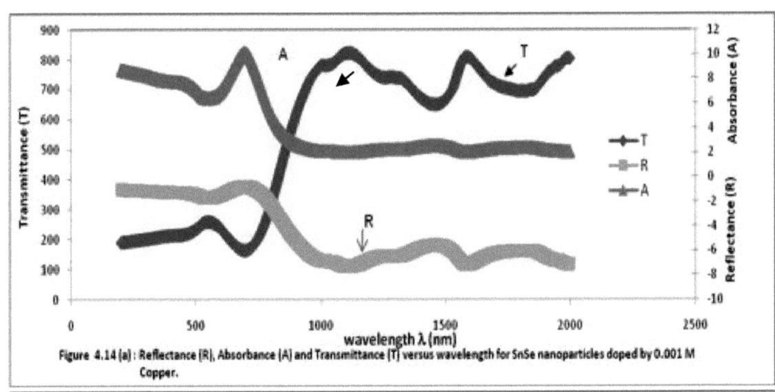


Figure 4.14 (a) : Reflectance (R), Absorbance (A) and Transmittance (T) versus wavelength for SnSe nanoparticles doped by 0.001 M Copper.

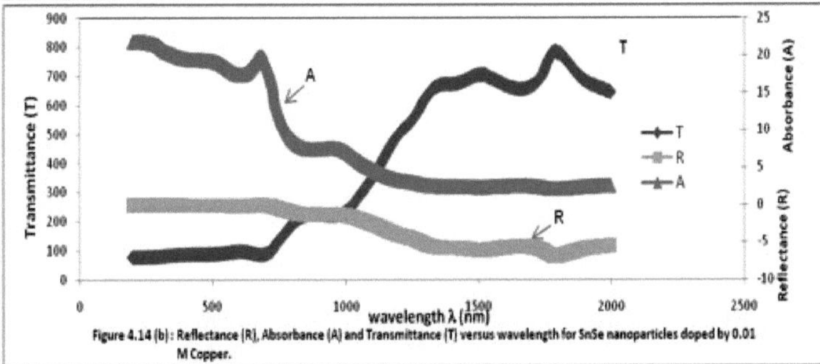


Figure 4.14 (b) : Reflectance (R), Absorbance (A) and Transmittance (T) versus wavelength for SnSe nanoparticles doped by 0.01 M Copper.

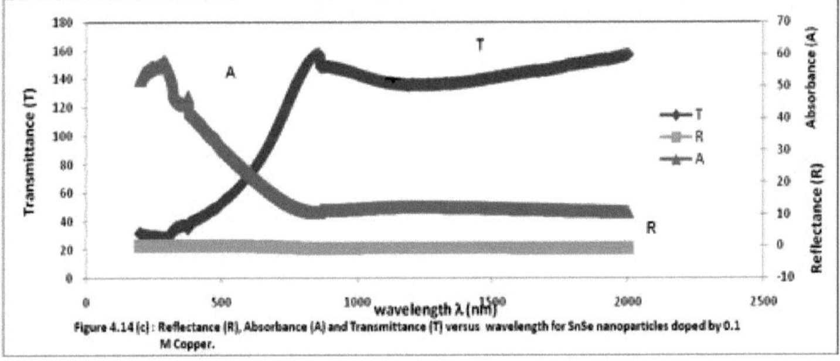


Figure 4.14 (c) : Reflectance (R), Absorbance (A) and Transmittance (T) versus wavelength for SnSe nanoparticles doped by 0.1 M Copper.

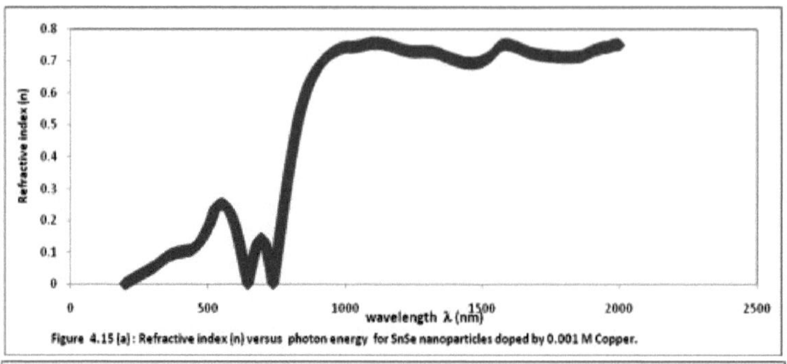

Figure 4.15 (a) : Refractive index (n) versus photon energy for SnSe nanoparticles doped by 0.001 M Copper.

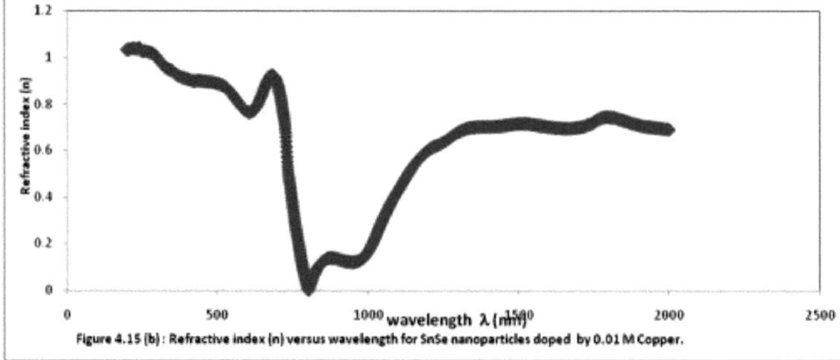

Figure 4.15 (b) : Refractive index (n) versus wavelength for SnSe nanoparticles doped by 0.01 M Copper.

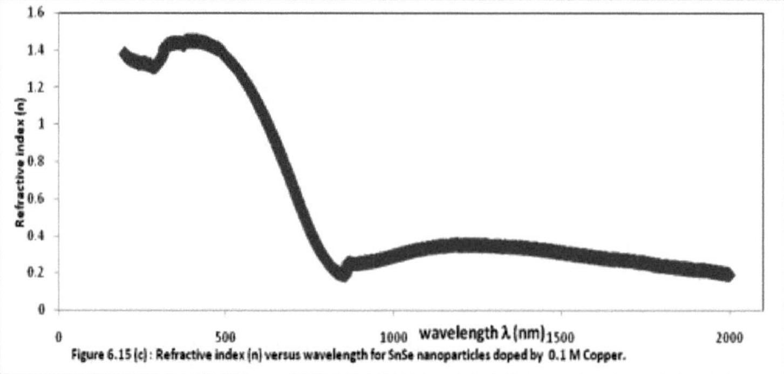

Figure 6.15 (c) : Refractive index (n) versus wavelength for SnSe nanoparticles doped by 0.1 M Copper.

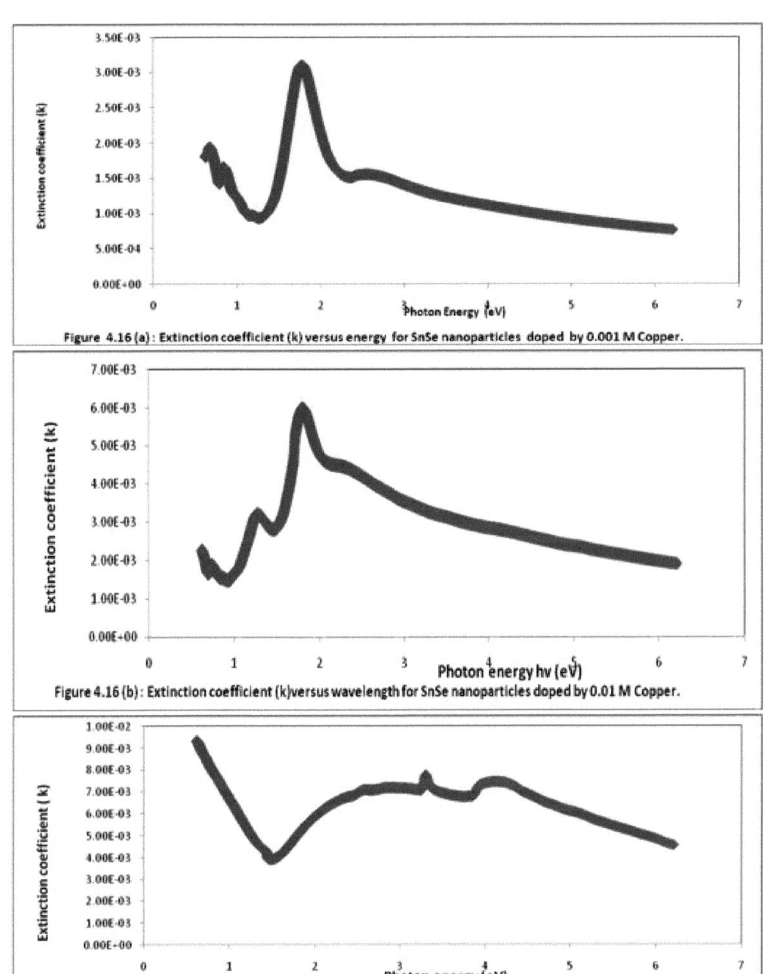


Figure 4.16 (a) : Extinction coefficient (k) versus energy for SnSe nanoparticles doped by 0.001 M Copper.

Figure 4.16 (b) : Extinction coefficient (k)versus wavelength for SnSe nanoparticles doped by 0.01 M Copper.

Figure 4.16 (c) : Extinction coefficient (k) versus photon energy for SnSe nanoparticles doped by 0.1 M Copper.

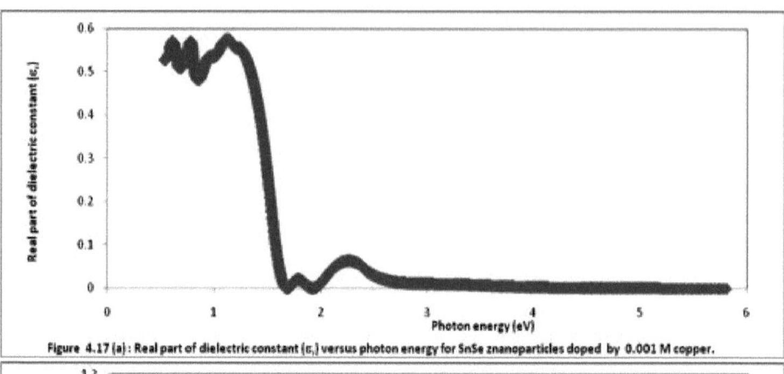


Figure 4.17 (a) : Real part of dielectric constant ($\varepsilon_r$) versus photon energy for SnSe znanoparticles doped by 0.001 M copper.

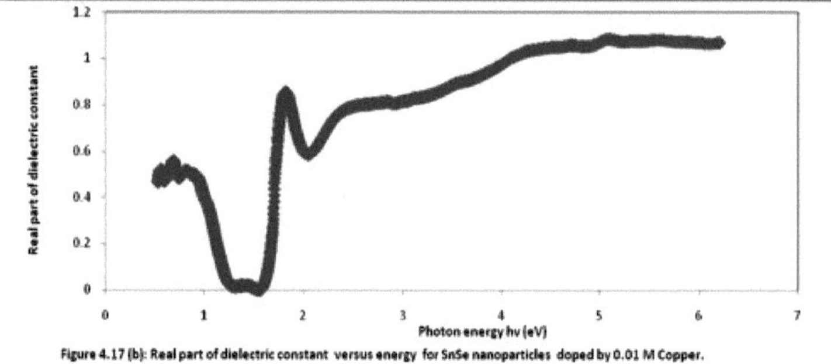


Figure 4.17 (b): Real part of dielectric constant versus energy for SnSe nanoparticles doped by 0.01 M Copper.

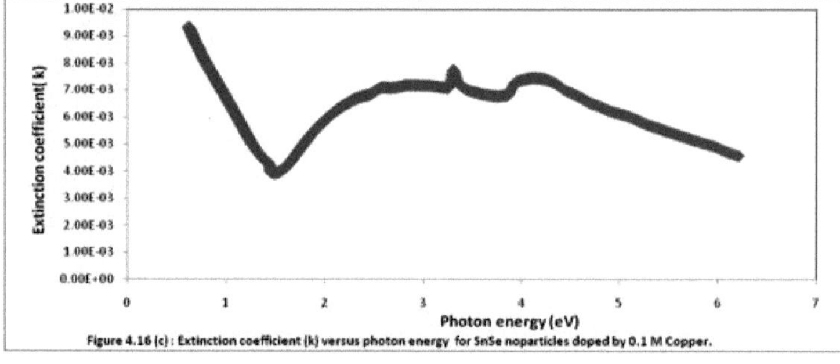


Figure 4.16 (c) : Extinction coefficient (k) versus photon energy for SnSe noparticles doped by 0.1 M Copper.

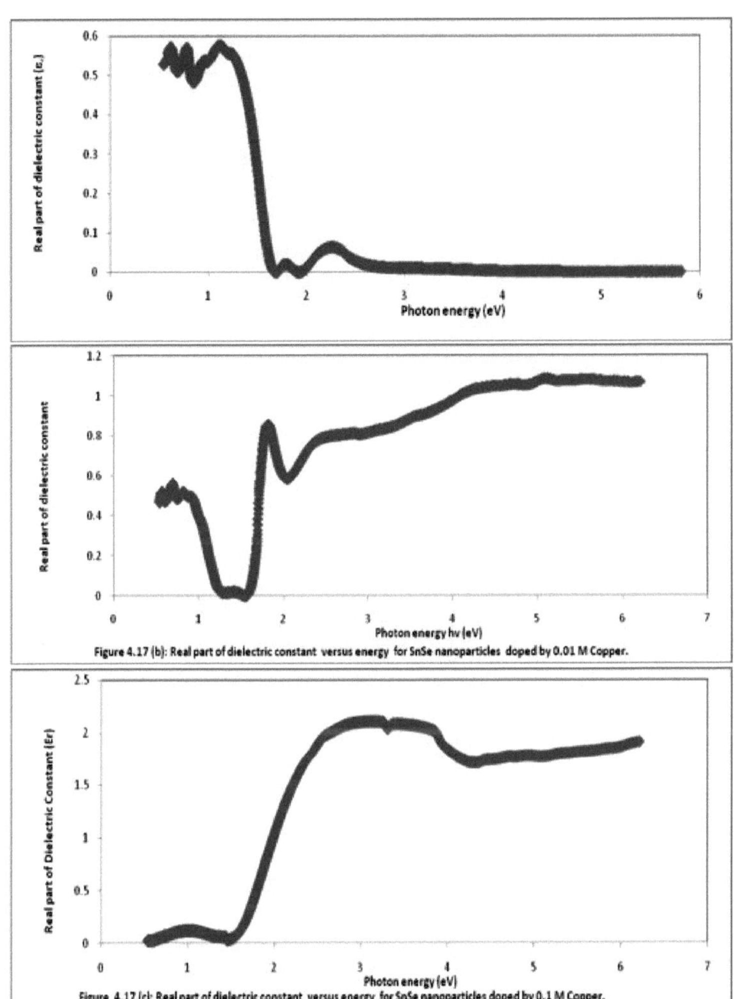


Figure 4.17 (b): Real part of dielectric constant versus energy for SnSe nanoparticles doped by 0.01 M Copper.

Figure 4.17 (c): Real part of dielectric constant versus energy for SnSe nanoparticles doped by 0.1 M Copper.

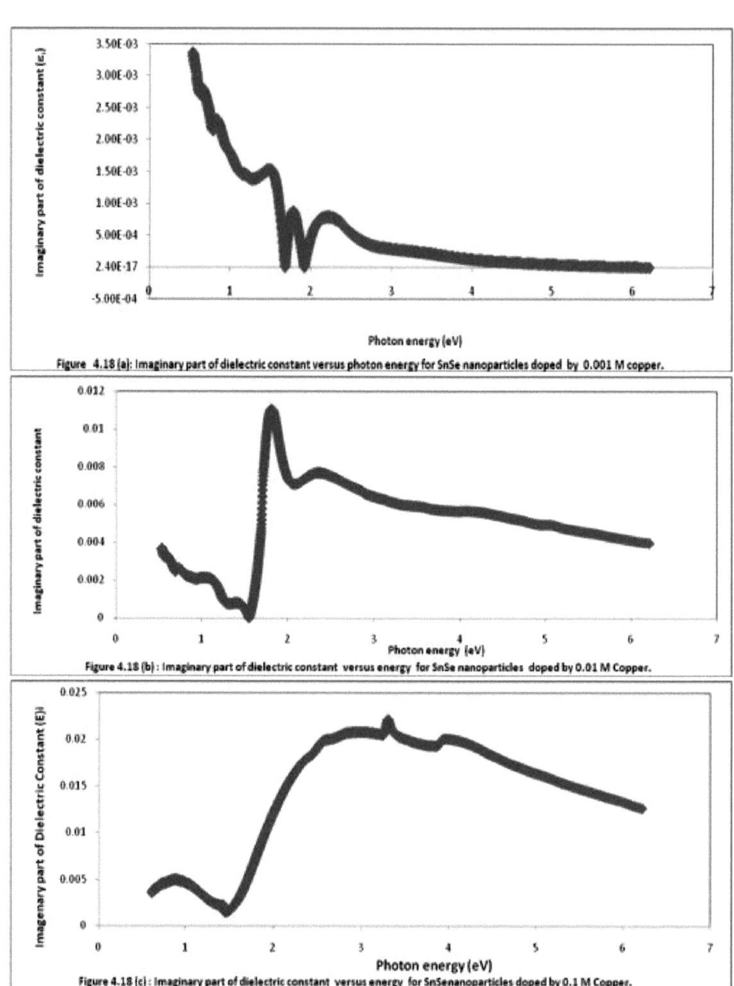


Figure 4.18 (a): Imaginary part of dielectric constant versus photon energy for SnSe nanoparticles doped by 0.001 M copper.



Figure 4.18 (b) : Imaginary part of dielectric constant versus energy for SnSe nanoparticles doped by 0.01 M Copper.



Figure 4.18 (c) : Imaginary part of dielectric constant versus energy for SnSenanoparticles doped by 0.1 M Copper.

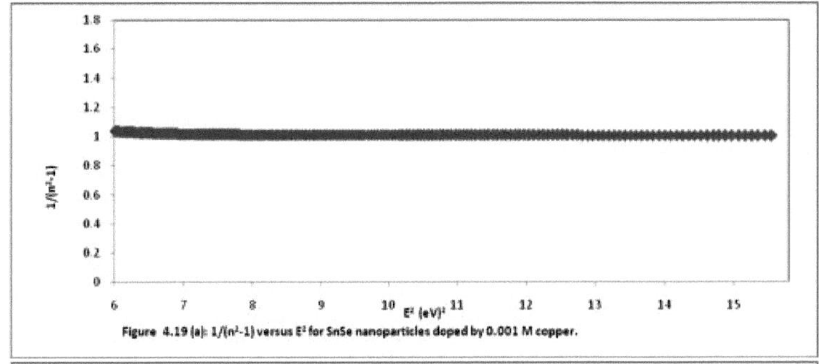


Figure 4.19 (a): $1/(n^2-1)$ versus $E^2$ for SnSe nanoparticles doped by 0.001 M copper.

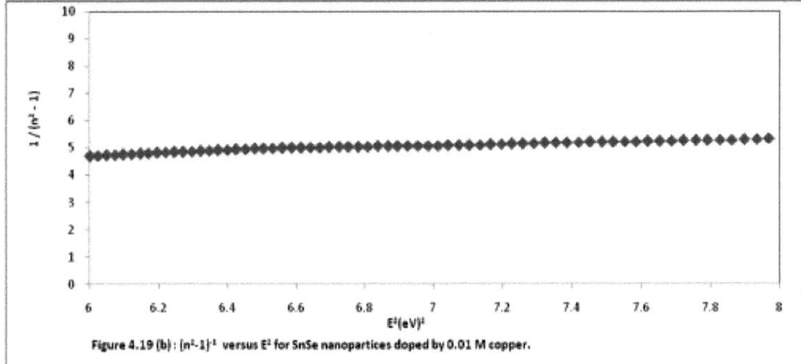


Figure 4.19 (b) : $(n^2-1)^{-1}$ versus $E^2$ for SnSe nanoparticces doped by 0.01 M copper.

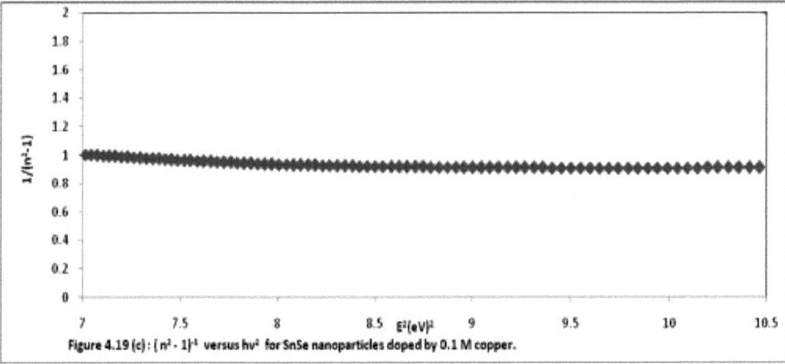


Figure 4.19 (c) : $( n^2 - 1)^{-1}$ versus $h\nu^2$ for SnSe nanoparticles doped by 0.1 M copper.

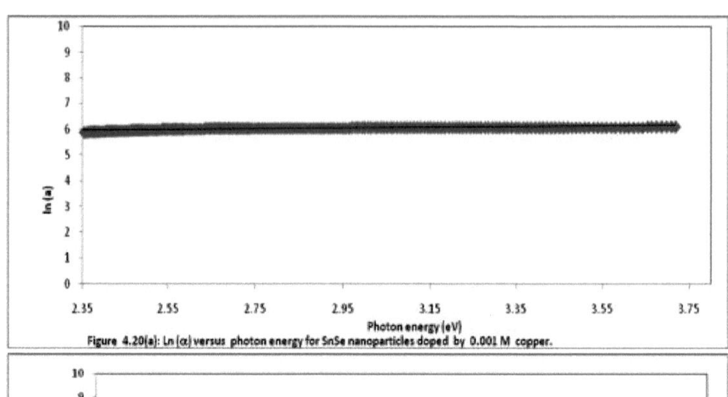

Figure 4.20(a): Ln (α) versus photon energy for SnSe nanoparticles doped by 0.001 M copper.

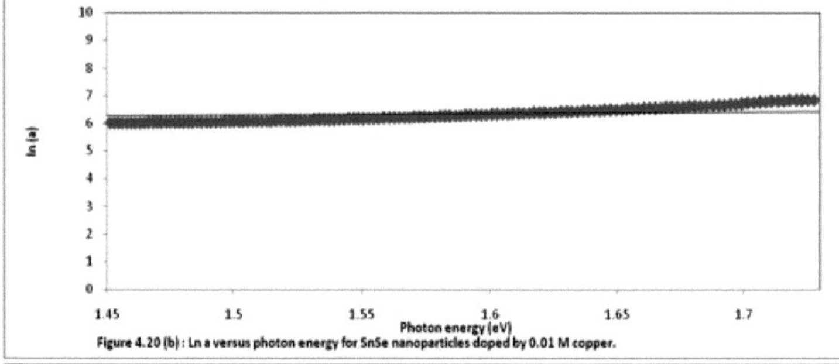

Figure 4.20 (b) : Ln a versus photon energy for SnSe nanoparticles doped by 0.01 M copper.

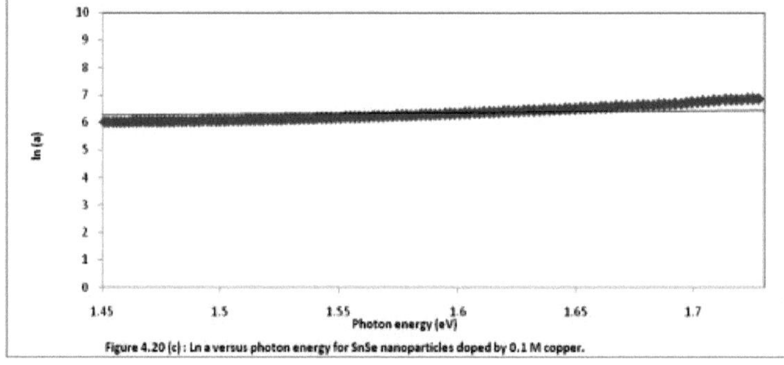

Figure 4.20 (c) : Ln a versus photon energy for SnSe nanoparticles doped by 0.1 M copper.

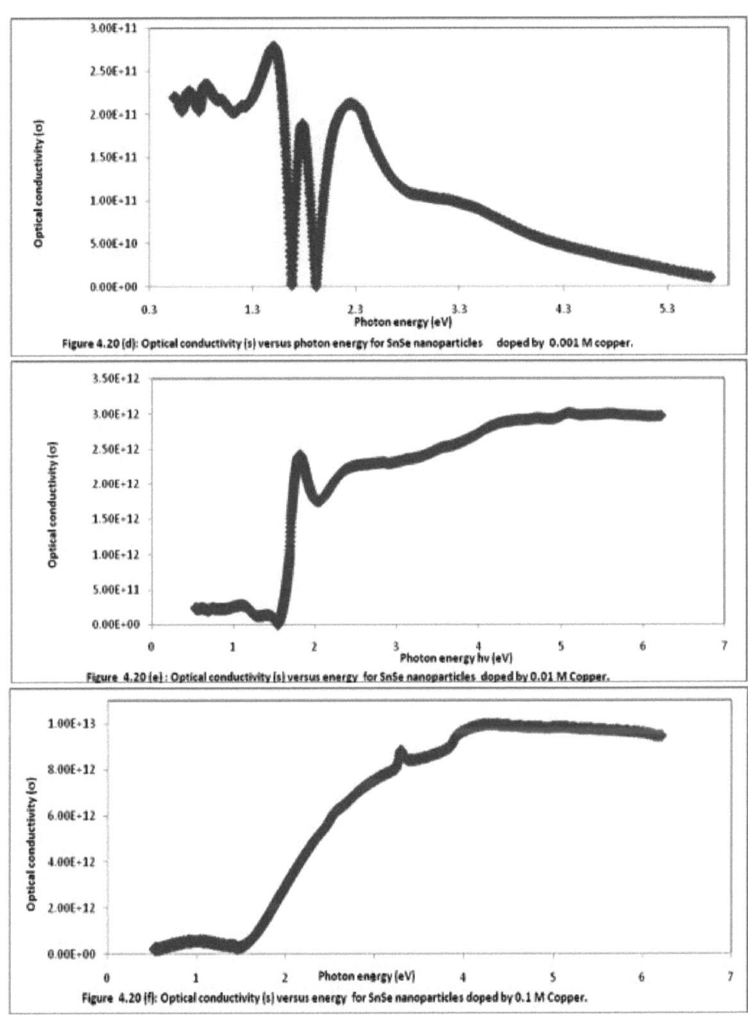


Figure 4.20 (d): Optical conductivity (s) versus photon energy for SnSe nanoparticles doped by 0.001 M copper.

Figure 4.20 (e): Optical conductivity (s) versus energy for SnSe nanoparticles doped by 0.01 M Copper.

Figure 4.20 (f): Optical conductivity (s) versus energy for SnSe nanoparticles doped by 0.1 M Copper.

**Tabela 1** : Especificação do espetrofotómetro UV VIS NIR. Especificação

| | |
|---|---|
| Instalação | Feixe duplo, monocromador duplo, registo de rácios |
| Lâmpada | Deutério (UV), Tungsténio-Halogénio (VIS/NIR) |
| Detectores | : Tubo fotomultiplicador para UV/V, Chumbo- |

Célula de sulfureto

(PbS) para NIR

| | |
|---|---|
| Gama de comprimentos de onda | : 185-3200 nm |
| Velocidade de digitalização | : 0,3 a 1200 nm/min |
| Precisão do comprimento de onda | : ±0,15 nm para UV/VIS e± 0,6 nm para NIR |
| Nivelamento da linha de base | : ± 0,001 Å, fenda de 4 nm |
| Modo ordenado | :Scan, Time Drive, Programação do comprimento de onda, Concentração |
| Precisão fotométrica | : ± 0,003 Å ou± 0,08 % T |
| Software utilizado | :PECOL Software para a descrição quantitativa da cor |

**Tabela 2:** Parâmetros ópticos das nanopartículas de SnSe puro sintetizadas.

| | $E_0$ (eV) | $E_d$ (eV) | $E_U$ (eV) | $E_g$ (eV) | $M_{-1}$ | $M_{-3}$ |
|---|---|---|---|---|---|---|
| SnSe nanoparticles (200 C) | 11.073 | 0.031 | 0.99 | 3.05 | 0.00279 | 0.00002 |
| SnSe nanoparticles (300 C) | 1.172 | 4.099 | 1.094 | 1.92 | 3.498 | 2.547 |
| SnSe nanoparticles (400 C) | 1.495 | 0.0722 | 0.166 | 1.50 | 0.0482 | 0.0215 |

**Tabela 3:** Estimativa do tamanho de partícula das nanopartículas de SnSe puro sintetizadas.

| | Absorption peak position ($\lambda_p$) (nm) | Energy gap $E_g$ (eV) | Particle size obtained from Effective Mass Approximation model (nm) | Particle size obtained from Effros, Brus and Kayanuma Expression (nm) | Average Particle size obtained from TEM images (nm) | Crystallite size obtained from XRD technique (nm) |
|---|---|---|---|---|---|---|
| SnSe nanoparticles (200 °C) | 200 | 3.05 | 1.04 | 28.7 | 3 - 4.6 | 6.70 |
| SnSe nanoparticles (300 °C) | 264 | 1.92 | 1.72 | 37.9 | 8 - 10 | 9.96 |
| SnSe nanoparticles (400 °C) | 420 | 1.50 | 5.31 | 60.38 | 10 - 23 | 15.57 |

**Tabela 4:** Parâmetros ópticos das nanopartículas de SnSe dopadas com cobre sintetizadas.

| | $E_0$ (eV) | $E_d$ (eV) | $E_U$ (eV) | $E_g$ (eV) | $M_{-1}$ | $M_{-3}$ |
|---|---|---|---|---|---|---|
| SnSe nanoparticles doped by 0.001 M copper | 9.063 | 7.88 | 7.299 | 1.30 | 0.869 | 0.01 |
| SnSe nanoparticles doped by 0.01 M copper | 1.414 | 0.557 | 1.798 | 1.55 | 0.393 | 0.196 |
| SnSe nanoparticles doped by 0.1 M copper | 4.128 | 0.794 | 1.438 | 1.85 | 0.192 | 0.0112 |

**Tabela 5:** Estimativa do tamanho de partícula das nanopartículas de SnSe dopadas com cobre sintetizadas.

| | Absorption peak position ($\lambda_p$) (nm) | Energy gap $E_g$ (eV) | Particle size obtained from Effective mass Approximation model (nm) | Particle size obtained from Effros, Brus and Kayanuma Expression (nm) | Average Particle size obtained from TEM images (nm) | Crystallite size obtained from XRD technique (nm) |
|---|---|---|---|---|---|---|
| SnSe nanoparticles doped by 0.001 M copper | 430 | 1.30 | 4.60 | 61.8 | 26 – 36 | 30.80 |
| SnSe nanoparticles doped by 0.01 M copper | 270 | 1.55 | 1.80 | 38.8 | 8 – 11 | 27.97 |
| SnSe nanoparticles doped by 0.1 M copper | 281 | 1.85 | 1.97 | 40.3 | 4 - 7 | 22.95 |

## REFERÊNCIAS


[1] A. V. Isarov, J. Chrysochoos, Langmuir, **13** (1997) 3142.

[2] B. A. Korgel, H. G. Monbouquette, J. Phys. Chem., **100** (1996) 346.

[3] K. Murakoshi, H. Hosokawa, S. Yanagida, Japão. J. Appl. Phys., **38** (1999) 522.

[4] C. B. Murry, D. J. Norris, M. G. Bawendi, J. Am. Chem. Soc., **115** (1993) 8706.

[5] Y. Li, J. Wan, Z. Gu, Mol. Cryst. Liquid. Crystl., A. **337** (1999) 193.

[6] Y. Li, D. Xu, Q. Zhang, D. Yu, Y. Xu, F. Huang, G. Guo, Z. Gu, Chem. Mater., **11** (1999) 3433.

[7] C. B. Murry, C. R. Kagan, M. G. Bawendi, Science, **270** (1995) 1335.

[8] P. V. Braun, P. Osenar, S. I. Stupp, Nature, **380** (1996) 325.

[9] A. Wolcott, D. Gerion, M. Visconte, J. Sun, A. Schwartzberg, S.W. Chen, J. Z. Zhang, J. Phys. Chem. B., **110**, 5779 (2006).

[10] A. M. Schwartzberg, T. Y. Olson, C. E. Talley, J. Z. Zhang, J. Phys. Chem. B., **110**, 19935 (2006).

[11] F. Wang, X. G. Liu, J. Am. Chem. Soc., **130** (2008) 5642.

[12] C. R. Yonzon, C. L. Haynes, X. Y. Zhang, J. T. Walsh, R. P. Van Duyne, Anal. Chem., **76** (2004) 78.

[13] Capítulo 1, Propriedades ópticas e espetroscopia de Nanomaterials, World Scientific Publishing Co. Pvt Ltd.

[14 N. J. Parade, G. W. Pratt, Phy. Rev. Lett., **22** (1969) 180.

[15] M. W. Porambo, A. L. Marsh, Optical Materials, **31** (2009) 1631.

[16] S. K. Kulkarni, U. Winkler, N. Deshmukh, P. H. Borse, R. Fink, E. Umbach, Appl. Surf. Sci., **169** (2001) 438-446.

[17] J. P. Borah, J. Barman, K. C. Sarma, Chalcogenide Letters, **5** (9) (2008) 201.

[18] G. Ghosh, M. K. Naskar, A. Patra, M. Chatterjee, Optical Materials, **28** (2006) 1047.

[19] Y. Changhui, F. Xiaosheng, L. Guanghai, Z. Lide, Appl. Phys. Lett., **85** (15) (2004) 3035.

[20] F. Seker, K. Meeker, T. F. Kuech, A. B. Ellis, Chem. Rev., **100** (2000) 2505.

[21] Nazerdeylami, Somayeh, 2$^{nd}$ International Conference on Ultrafine Materiais Granulados e Nanoestruturados, (UFGNSM) Inter. J. of Modern Phys: Conf. Sereis, **5** (2012) 127.

[22] J. I. Pankove "Optical Processes in Semicondcuctors", New York: Dover Publ. Inc., (1975) 1.

[23] A. M. Elkorashy, Phy. Stat. Solidi., (b), **146** (1988) 279.

[24] M. P. Deshpande, G. K. Solanki, M. K. Agarwal, Materials Letter, **43** (2000) 66.

[25] K. K. Kam, B. A. Parkinson, J. Phys. Chem., **86** (1982) 463.

[26] W. K. Hofmann, H. J. Lewerenz, C. Pettenkofer, Sol. Ener. & Mater., **17** (1988) 165.

[27] A. Gaffar, A. Abu, El- Fadl, S. B. Anooz, Cryst. Res. Technol., **38** (2003) 798

[28] H. Y. Fan, W. G. Spitzer, R. J. Collins, Phys. Rev., **101** (1956) 566.

[29] Z. Zainal, N. Saravanan, K. Anuar, M. Z. Hussein, W. M. M. Yunus, Mat. Sci. Eng. B., **107** (2004) 181.

[30] M. Didomenico and S. H. Wemple, J. Appl. Phys., **40**, 720 (1969).

[31] S. H. Wemple, M. Didomenico, Phys. Rev. B., **3** (1971) 1338.

[32] Itoh, H. Yokota, M. Horimoto, M. Fujita, Y. Usuki, Phys. Stat. Solidi. B., **231** (2002) 595.

[33] M. El - Korashy, Phys. Stat. Sol. (B)., **159** (1990) 903

[34] E. G. El - Metwally, M. O. Abou Helal, I. S. Yahia, J. of Ovon. Res., **4** (2) (2008) 20.

[35] A. M. Elkorashy, Phy. Stat. Solidi (B), **146** (1988) 279.

[36] F. Urbach, Phys. Rev., **92** (1953) 1324.

[37] J. Singh, J. of Non-Cryst. Sol., **299** (2002) 444.

[38] L. E. Brus, B. Laboratories, M. Hill, New Jersey **07974** (1987)

[39] N. H. Quang, N. T. Truc, Y. M. Niquet, Comput. Mater. Sci., **44** (2008) 21.

[40] S. Baset, H. Akbari, H. Zeynali, M. Shafie, Dig. J. of Nanomat. & Biostruct., **6** (1) (2011) 1.

[41] K. Singh, J. of Optoelectronics & Advanc. Mater. **12** (11) (2010) 2255.

[42] L. E. Brus, J. Phys. Chem., **90** (1986) 2555.

[43] S. V. Gaponenko, Optical properties of Nanocrystals, Cambridge University Press, 1998.

[44] K. C. Cuong, T. D. Thien, P. T. Nga, N. V. Minh, N. V. Hung, VNU J. of Sci. Math. Phys., **25** (2009) 207.

[45] N. Kumar, V. Sharma, N. Padha, N. M. Shah, M. S. Desai, C. J. Panchal, I. Yu. Protsenko, Cryst. Res. Technol., **45** (1) (2010) 53.

[46] Z. Zainal, N. Saravanan, K. Anuar, M. Z. Hussein, W. M. M. Yunus, Mat. Sci. Eng. B., **107** (2004) 181.

[47] D. P. Padiyan, A. Marikani, K. R. Murali, Cryst. Res. Technol., **35** (2000) 949.

[48] H. S. Soliman, D. A. Abdel Hady, K. F. Abdel Chaudhuri, Thin Solid Films, **165** (1988) 257.

[49] D. T. Quan, Thin Solid Films, **149** (1987)197.

[50] R. Mariappan, M. Ragavendar, G. Gowrisankar, Chalcogenide Letters, **7** (3) (2010) 211.

[51] B. Subramanian, T. Mahalingam, C. Sanjeeviraja, M. Jayachandran, M. J. Chockalingam, Thin Solid Films, **357** 119 (1999).

[52]. M. A. Syafiq Mohd Yunos, Z. A. Talib, W. M. Mat Yunus, J. of Chem. Eng.& Mat. Sci., **2** (7) (2011) 103.

[53] K. A. Mishjil, S. S. Chiad, H. L. Mansour, N. F. Habubi, J. of Elec. Dev., 14 (2012) 1170.

[54] O. V. Safonova, M. N. Rumyantseva, L. I. Ryabova, M. Labeau, G. Delabouglise, A. M. Gaskov, Mater. Sci. & Eng. B., **85** (2001) 43.

[55 K. D. Girase, H. M. Patil, D. K. Sawant, D. S. Bhavsar, Arch. of Appl. Sci. Res., **3** (2011) 128.

Printed by Books on Demand GmbH, Norderstedt / Germany